# 成就未來的你



36 堂精準職涯課，
創造非你不可的人生！

何則文
Wenzel Herder · 著

Career planning

## Chapter 3 —— 好人才，讓工作主動來敲門

Career planning

## Chapter 4 —— 工作中，如何創造極大化的個人價值



## Chapter 5 —— 轉換跑道之前，你應該知道的事

## Chapter 6 談未來，新型態的工作挑戰

# 推薦序

我看了這本書的初稿，就決定出版後要大量購買給身邊親朋好友。這是一本從大學生到職場新鮮人，甚至中年想轉職的人，都必看的一本書！

如果你對自己念的科系感到迷惘、如果你是剛畢業的新鮮人、如果你想幫自己在面試中突破重圍得到好的工作機會、如果你想轉職、甚至想成功離職，本書由經驗豐富的人資專家何則文，透過大量面試找人才的經驗中，告訴你第一手人資與公司主管選才祕密，以及提早為未來職缺需要的能力預備，AI時代來臨，人人自危，你，準備好工作不被取代掉了嗎？

**Ashley・諮商心理師、職場溝通力企業講師**

身為人資領域的工作者，我們常遇到在不同的職涯階段卡關且需要幫助的人；我們只能給予大方向的建議，但無法給予一個「正確答案」。在資訊透明且多元變化的工作環境下，則文這本書告訴你該如何從「人才規劃」的角度，建立認識自己的基本功夫。

你該學的是如何為自己做決定。而最具風險的職涯規劃，就是直接問他人：「你覺得我該選A公司還是B公司？」過去的成就不代表未來，隨時更新自我技能，讓自己可以隨時換跑道，才是一個可以長久陪著你的職涯祕密武器。

自信在職場上非常重要，本書作者提到自己的家庭背景，曾讓他害怕不被大家所接納，但是如何接受現實、翻轉人生，才是現實職場中的即戰力，弱勢的背景反而可以成為致勝武器也不一定。

最後，希望大家可以感受到人資工作者所背負的使命與熱情，透過這本書來「成就未來的你」。

**Sandy Su（蘇盈如）・國際獵頭、《2030轉職地圖》暢銷作家**

台灣位於亞太樞紐位置，有較為開明的社會風氣，且長期受不同文化跟語言的薰陶，其實有得天獨厚的地理位置和機會，以成為跨亞太區域的人才。但可惜的是，我們往往忽略了課本之外的知識。

則文的書幫助許多年輕世代建立正確的思維，要成為不可取代的人才，該擁有什麼？除了專業技能外，更需要重要的軟實力。從有意識的建立專業人脈，保持好奇心學習到有國際視野，這些都是面對變化速度越來越快的職場，能讓人才脫穎而出的關鍵。

**Tiffany Chou・CAREhER 創辦人暨執行長**

這本非常實用。作者光是從教育觀點就能顛覆你的既有思維，在轉職選擇上也給出明確的判斷方法。從找尋自己到個人定位，時刻提醒讀者從「為什麼」出發，讓自己可以對於「創造新思維方法」產生慣性。書中也提供了許多職場小撇步，以及多位好友的成長故事，讓大家可以此為借鏡外，在能力表現上透過練習，逐步和他人產生差異化。

通常我很少建議讀者一定要邊寫筆記、邊思考、邊看書，但這本絕對值得你這麼做。如果不想成為一個社會洪流下的普通人，這本書的內容將會點醒你，剩下來的就是周遭環境如何影響你，與你自己的行動力了！

**江湖人稱 S 姐・職場力專家**

擁有豐富人資管理經驗的暢銷作家何則文，在新書《成就未來的你》中，針對二十歲這個世代的年輕人，可能會碰到的職涯發展疑惑，提供既詳盡實用，而且符合趨勢的解答。

從求學到求職，從轉職到創業，都有他獨到的見解。書中所有敘事說理，並佐以實際個案，還附上很多檢核表，讓有心幫助自己學習成長的讀者，在字裡行間鍛鍊出具有競爭力的工作效能，更重要的是在這個過程中，理解自己現在的位置，找到未來發展的方向，因此而找到自信，勇往直前。

**吳若權**・作家、主持人、企管顧問

這是一本很適合畢業生提前準備職涯的書，有滿滿的能量又有具體的實踐方法。其中有幾點令我特別印象深刻：

第一，問「為什麼」，不要只接受任務，要創造出自己的任務。這跟我在矽谷工作很像，老闆不會告訴你該做什麼，如果只有把老闆交代的都做好，那你肯定不是一個好部屬。好的員工，在老闆還沒講之前，就想好老闆可能需要什麼。

第二，認識自己。我在Facebook、eBay、麥當勞等公司的矽谷總部擔任產品長、行銷長等工作，我發現，每個成功的主管其實都不一樣，但一樣的是，他們都懂得善用自己的優點。

第三，「90分的你面對60分的公司，應該大笑。」許多人會覺得公司不夠好，但其實這正是能有大幅表現、更有能力影響公司的走向，千萬別放棄這大好機會！

**矽谷阿雅・《夢想追不到就創一個》作者、前Facebook矽谷電商產品經理**

俗話說，在職涯教育領域中，沒看過何則文的人也大都看過何則文的文。這次很榮幸收到出版社的邀約，可以推薦這本書，因為這本書的理念與我們在教育上的想法非常相似。

在過去，我們替許多大學與新鮮人朋友解答問題時，最常遇到的提問就是「能不能給我們這些新鮮人一些建議呢？」這問題實在非常難回答。因為每個人對美好職涯的想像不同，作法肯定也不同！如果每個人都想要長遠又深入發展各種行業的話，我可以老實說：絕對沒有一個通則。

就像這本書中提到的：「如果有任何所謂的職涯教練，能夠馬上回答一個才聽完三小時講座的年輕人關於職涯選擇的問題，告訴他『走哪條路最好』，其實是很不負責任的。」

在教育領域的未來十年，每位老師與作者，勢必要提供給學習者更加個人化的學習與體驗。而這本書的核心思想，就是點燃這個想法的火花。書中擁有豐富的內容與經驗呈現，但從不會告訴你該如何選擇。畢竟所謂好的選擇不是因為選後結果美好，而是因為這是你親自所選、擁抱結果，然後得到屬於自己的經驗。這樣你才不會投入了大半的精力，試著成為他人，但卻漸漸地忘記如何成為自己。

真正的好知識，不該是存在講師或作者腦中的磅礴，而是在學習者心中萌生的點滴。祝福閱讀此書的你，能夠在因為這本書而產生自己的想法，用對方法，最終成為更好的自己！

**洪璿岳・讓狂人飛教育事業執行長**

每年我都要面試新人和實習生，通常面試結束前我都會問：「有沒有什麼問題要我呢？」透過這個開放題，想知道眼前的面試者有沒有自己的好奇？我面試的對象多半都是記者、編輯相關，問問題就該是這行的專業，但面試者通常都很緊張，不如預期，能問出好問題讓人印象深刻的人並不多。

何則文在「成就未來的你」書中，特別寫了一章「面試提問法」列出七個問題，每個問題都有背後的理由，每個問題都不只是想知道答案，也幫助求職者把被動化為主動，從主管回答來判斷這位主管的能力和深度。例如「假如我最後沒有進入貴公司，您認為最大的因素是什麼？可以怎麼加強？」這個問題會讓面試者覺得面談對象很謙虛、很積極，也考驗面試者是否真的知道自己想要什麼樣的人才。

而談到轉職的思考，通常大家想的都是如何更上一層樓，但是何則文提醒還有一個要顧及的是——「對老東家的工作銜接與安排。」的確，這一點若能做好，你可以把敵人轉為朋友，阻力化為助力。真是太厲害了！讀起來就是高手過招的過癮。

我是從則文的閱讀和寫作開始認識他，他是經由閱讀自學、用寫作來反思、透過發表和出版和更多人分享，這是本非常接地氣的職場升級手冊。

**陳雅慧・親子天下媒體中心總編輯**

讓現在，就是未來！

則文和我有太多相似處。我們都曾在企業待過幾年後，開始思考教育的效能。我們都是過動體質，一身反骨，拒絕做ＳＯＰ取代性高的工作。

我們所寫的，都是我們實踐過的信仰，例如這本書裡的論點：相信「權威的東方教育」，你很難成為「權威」！做下屬，也可以「向上管理」！即使在組織中，仍然可以「個體崛起」！工作中，要創造極大化的個人價值，而超過期待，就能創造價值！在變動的年代，不想被淘汰，必須具備「文化覺察力」！

則文和我最大的共同點，是我們永遠為未來做好「超前布署」。讀何則文吧！定位自己，以終為始！因為現在，就是未來！

**蔡淇華**・教師、作家

最初認識則文的時候，是他來我們學校演講，談如何成就未來。多數人只看見當下，只有少數人能洞察未來，則文就是那少數人。我不知道有多少孩子聽進去了，但我看見眼前這位的閃閃發光的青年，我知道，在他自信談吐的背後，有著故事和磨練。

我一路追著則文的著作，從《別讓世界定義你》、《個人品牌》、到《成就未來的你》，從他的文字中，你能感受到一股「生命的能量」！只有認真活過的人，才會擁有這種能量。歷史系出身的他，不會跟你說那些狗血的心靈雞湯。他實事求是，長期做訪談，歸納出成就人生的方法；投身科技業的他，不會沉湎在過去，他望向遠方，跟緊趨勢，告訴你未來的機會在哪裡。他把從「大學」到「求職」的祕訣，全寫進《成就未來的你》了。發現這本書，我想，你唯一的遺憾是：「要是早十年看到這本書，該有多好！」既然如此，何不現在就翻開呢？

**歐陽立中・SUPER 教師、暢銷作家**

# 作者序

## 沒有人能為你的人生負責，或給你人生道路的真正解答，除了你自己。

——何則文

我從大學就開始當講師，工作也一直跟人力資源有關，在網路上經營的專欄也以職涯文章為主，因而常常收到許多年輕朋友來信詢問。我收過很多類似的信，會直接給我幾個Offer的列表對照，然後說明自己的情況，問我哪一個選擇對他的人生會比較好。

類似狀況其實在許多線上社群都能看到，PTT.的科技版或工作版，也很常見到這類新鮮人的貼文，問前輩們得到的幾份Offer哪個比較好、比較有前途。而我自己在各大專院校或青年職涯中心演講的時候，也很常遇到有人提出類似的問題，問我生涯抉擇之中哪個比較好。

有時候是猶豫要不要繼續念研究所，還是直接進入社會工作。也有些人是對海外職場有憧憬，卻因為現實生活的考量而有很多顧慮；或想要轉職，卻對換產業、換領域有許多擔憂；更有一些是因為家庭經濟負擔，逼著他得尋找一些能創造更多收入，緩解壓力的方法。

面對這些問題，老實說，我沒有標準答案。

這些在我面前舉手發問的年輕人，多數都是第一次見面，甚至那些線上詢問的也是素未謀面。我很難知道哪條道路對他的人生會最好，因為我沒有真正了解他們，也不知道他們的性格、成長經歷、過往的人生，以及對於哪個領域有熱情等。

但我很願意幫忙，同樣二十幾歲的我，也會找時間跟他們喝咖啡。即便是高中生，我也樂意聆聽他們對於人生的擔憂或期待，然後提供一些建議。但我從來不會直接說，走哪一條路最好。我常常會請他們拿出紙筆，給予一些思考方式，讓他們自己寫下分析，然後分享我在人生十字路口抉擇的方式，與他們一起思考。

為什麼我不直接鐵口直斷說哪個方向比較好呢？而要花時間與人對談。因為，這些選擇都是人生很重要的事，而且沒有人能夠為我們的人生負責。如果我給的建議最後不見得是最好的，影響了他後來的人生走向，我又怎麼能負起這個責任呢？

我甚至覺得，如果有任何所謂的職涯教練，能夠馬上回答一個才剛聽完三小時講座的年輕人關於他職涯選擇的問題，告訴他「走哪條路最好」，其實是很不負責任的。每個人都有不一樣的經歷、不一樣的過往，也因此有不一樣的可能，沒有一個道路或方式適合所有人。而我認為，無論如何，能夠找到自己方向的只有自己，所以我選擇以對談的方式，讓年輕朋友們自己找到方向。

這樣做也持續了兩、三年吧！然而，一個一個諮詢實在太慢了，如果對方住在外縣市我也只能回信，往往一回就是幾千字的信，即便讀者回信說很開心、有豁然開朗的感覺，但我仍覺得這樣還是很難幫助到更多人，尤其是大家遇到的許多問題都很像。最終就是不夠認識自己、找不到定位，也不知道自己該前往何方。

但其實，這些問題只有一個人可以為你解答，那就是你自己。沒有人能為我們的人生負責，只有自己可以。而對於迷茫的年輕人，我認為，需要的只是一個思維方式的指引，知道能夠透過怎樣的方法找到方向。

正因為想要更有效率地幫助到年輕朋友，後來我開始租借場地來舉辦一些讀書會和工作坊，透過群體的力量，互助找到方向。也因此創辦了「**Career Design Lab職涯實驗室**」社群，讓大家能夠透過線上、線下的各種交流，從中找到可能。

而這本書，就是在這樣的前提下誕生的。我雖然已經寫過幾本書，但這是專門為年輕讀者在職涯思考上而寫的，我將過去四、五年在大專院校演講，及輔導探索職涯時，可能遇到的共同問題以系統化的方式整理出來，期待每一個小夥伴都能夠過這本書，找到一些屬於自己的方向。

# Career planning

# Chapter 1

# 迷茫時，<br>你的人生要自己找答案

越早訂定目標，
離達成的距離就越近

# 01

# 相信權威的東方教育。

每個人都應該堅持走他為自己開闢的道路，不被權威所嚇倒，不受行為的觀點所牽制，也不被時局所迷惑。

——歌德，德國哲學家

我一直在思考，為什麼許多台灣的年輕人會在屬於自己的人生道路上，把決定權交給別人？

或許，這是因為教育體制的關係。從文化層面來說，我們深受傳統儒家文化的薰陶，在這樣的文化情境裡，我們相信有所謂的「聖人之道」，而這個大道就是對的，包含其中勤勉、謙虛、認真等價值觀。

整個東亞，包含中國、日本、韓國、越南，都是集體性非常強的社會，也就是價值觀維繫在群我之間的關係。**「大家怎麼做，照做就不會錯」害怕被群體所排擠，所以選擇了活在所謂主流的價值觀之下，這是我們在接受教育時遇到的最大問題。**

有次看一個日本節目《人類觀察》，他們安排幾個假裝路人的演員在拉麵店，這些假客人點拉麵時，都會做一些奇怪的動作，例如跟老闆擊掌，或者說一些不明所以的話。而不知情的人進來後，看到前面點菜的人做的行為，雖然自己不理解、也不認同，但為了不被當成異類，也選擇做了一樣的事情。

根本不知道原因，他們就只是照做而已。

就像有許多大學生，到大三開始補習準備考研究所，但也說不出為什麼要考，只是看到許多學長、學姊跟同學都在準備，好像自己若不考的話感覺就輸人一節，落後在起跑點。但真的是這樣嗎？

我們的傳統教育，讓孩子都是活在「他人及社會的期待下」。

即便到今天，大多數孩子國中時的目標就是希望能考上前三志願，這是老師的期望、也是父母的期望。至於是不是孩子的期望呢？我們不知道，因為他沒有被提供過其他的可能。到了高中，這個目標進而變成考取更好的大學，學校教室跟補習班不斷灌輸著「台清交成政」等頂尖大學，才能讓自己有更好前途，人生才有可能燦爛美好。但，這是事實嗎？

記得我念高三時，有個很棒的同學，原本以全校第一的指考成績能上台大醫科，但這位同學對自己的人生早就有想法，他喜歡基礎科學，想念台大物理，卻因此被家人跟校方連續約談，希望他能以台大醫科為優先志願。

這個孩子對自己的人生已經有明確方向，卻因為社會的價值而被迫改變，更狹隘的說，也可能是為了讓學校的升學率好看，而無法直接選讀自己喜歡的科系，還得經過如此冗長的對峙跟談判。更何況是一般對自己人生還沒有明確看法的年輕人呢？

我們的教育體系跟考試制度，讓孩子相信問題都有個「正確答案」，而且會有個「老師」知道這個答案。知道正確解答後，記起來照做就是了。這種相信權威的傾向，在今天的台灣仍然常常可見。

這就是為什麼許多年輕人面對生涯抉擇時，會希望外求於所謂「厲害的人」，尋求解答。因為他們相信這樣的人走過的道路是成功的，自己跟著複製也能成功。

但這會造成一個很大的問題，即便到二〇二〇年的今天，大多數的孩子在選填志願時，都依然在父母或老師的期待與指導之下，被「安排」了。父母、老師，或社會說什麼科系未來會賺錢、有前途，他們就這樣填了，很少人問過自己，想要什麼、喜歡什麼。

這也造成當沒有正確答案的人生到來時，許多人便迷惘了。沒有人告訴你應該怎麼走最好，當真實社會不能用有標準答案的量化成績來評鑑優劣時，你開始感到無力，而不知道方向。

**但真實的人生並非如此，人生從來沒有所謂「正確答案」。**很多人害怕自己做出的選擇是錯誤的，進而不敢選擇，把這個思考跟決定的過程交給其他的「權威」；**卻忘了當我們在選擇的當下，那就將是我們的人生、我們的故事。不管是什麼，只要我們勇往直前，好好走下去，都會是最好的選擇。**

# 02 西方年輕人的 Gap Year。

「當你開始踏上路途，路就會自己展現。」

——魯米，波斯詩人

有件事讓很多人一直想不透，就是東方教育的孩子，在數理能力上遠遠超過西方（台灣國中生的數學能力可能比大多數美國大學生還好），但為什麼在許多領域有重大創建，甚至得到諾貝爾獎的仍然大多是西方人？網路上有張圖，流傳歐美跟台灣教育的差別，我覺得可以很傳神地解答這個問題。

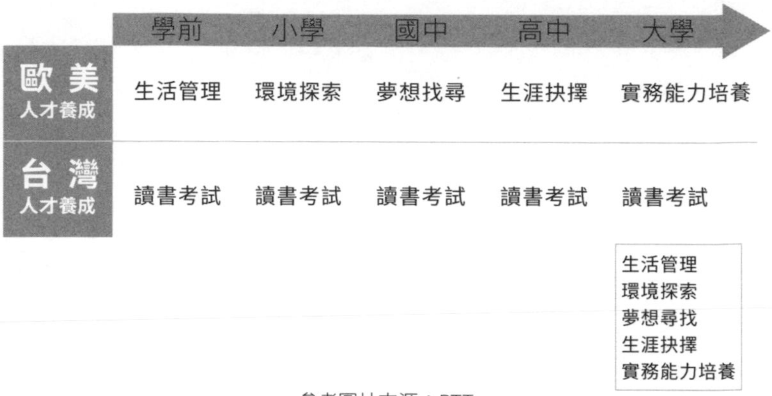


參考圖片來源：PTT

台灣教育與西方國家的最重要差異，就在於高中與大學階段。我們都知道，台灣學生的學科能力的高峰，就在高中學測及指考期間，之後很多人就開始呈現滑坡式的下降，彷彿考上了理想大學的當下，就等於拿到成功人生的門票，因而鬆懈。

**反觀多數西方國家的學生，在高中時期就開始探索屬於自己人生的道路，思考未來的方向。所以他們的起點，反而是上大學時便開始全力在自己有興趣的領域深研。**有人可能會問，你又沒有在歐美念過書，這樣只是空口說白話，崇洋媚外而已吧！其實我會有這樣的理解，是因為我過去在當背包客旅行時，曾接觸過許多正在Gap Year的西方年輕人。而在與這些十八歲左右的少年、少女們談話時，他們對於自己人生有著明確的方向，著實讓人意外。

Gap Year，中文直譯為「空檔年」。大多是指高中生畢業後，在進入大學前，給自己一段時間去體驗各種人生，透過旅行、志願服務、工讀計畫等，探索自己。這個傳統是一九七〇年代在英國興起的，後來許多西方甚至中東國家，如以色列、葉門，也逐漸有了這個趨勢。

Gap Year不一定是真的一整年，可能只是幾個月或幾週。而根據American Gap Association的研究，有參與Gap Year的年輕人在進入大學後，GPA（grade point average：學業成績平均點數）會比較高。雪梨大學也有類似的研究，Gap Year的參與可以增加學習動機，透過這些旅行或志願服務，能讓學生就學後，對於自我實踐跟職涯探索有更明確的目標跟方向。

我自己在進入社會工作前，就花了一百天的時間，遊歷東南亞各國。在這些國家，我遇到過來自阿根廷的韓裔青年，十八歲的他，竟然是來探查東南亞的食品市場，想看看有什麼可以引進阿根廷；也曾遇過荷蘭女孩，對於國際協力發展有興趣，未來會就讀國際政治相關領域，因此想親眼走過這些土地，看看實際情況。

過去派駐海外回台灣休假時，我常常會住在青年旅社，也遇過許多正在Gap Year的外國青年，每每談到對於自己前途的想法，他們侃侃而談描繪出屬於自己的鮮明願景時，都讓我非常讚嘆與佩服。後來也讓我漸漸可以理解，為什麼當走出學校看看外面的世界時，對於學習及規劃自己未來的道路真的會有不同的看法。

大學時期我有個不同系的學弟Wayne，在大三升大四的時候，為了避免當兵造成的間隔，便休學一年提前去當兵，結果那次的經歷讓他整個人大轉變。從原本對課業沒有特殊想法的普通大學生，搖身一變竟成為每一堂課都坐在最前面、最積極念書的學生。

「如果我能早一點去當兵，大學一定會念得更好。」Wayne當時這樣告訴我。

為什麼Gap Year有這麼大的魔力呢？**因為透過接觸到不同階級跟背景的人、事、物，能讓我們看到人生的不同可能，也會藉此更加了解自己，對於人生有更明確的方向。**但也不是一定非得每個人都要花個七、八個月時間，去海外走跳，僅僅單純在升大學的那個暑假，去環島見見地方風土民情、做一些志願服務、參加一些講座課程等，認識不同背景的人，都能讓自己得到許多收穫。

# 03

# 定位自己才能找到方向。

如果你不先站出來定義自己，很快地，別人會用很不精確的定義為你代勞。

——蜜雪兒．歐巴馬，美國前第一夫人

許多年輕人遇到的問題都是找不到方向，不知道目標在哪，也因為這樣，只能走一步算一步，被現實所困。其實這個問題並不出在目標的定義，而是不夠了解自己。目標相當於終點，但我們要先知道起點在哪，在設定目標後才能思考兩點一線的距離，以及我們要如何達成。

**這個找到起點跟終點的方式，就是「定位」。必須先給自己一個明確的定位，知道自己想要成為怎樣的人，想要從事怎樣的工作，為世界帶來怎樣的價值。**所以最終還是要了解自己，到底自己是怎樣的人？想要成就怎樣的事情？希望這一生能留下什麼？

只有這些核心問題確定了，才能在找到目標後，一步一步達成自己想要的。而確定這些核心的方法很簡單——先問問自己「為什麼」。我也曾經歷過一段很迷惘的人生，大學畢業後，原本抽到海軍陸戰隊的我，因為家中是低收入戶的緣故，只要當十二天的補充兵即可，所以我一畢業後就開始找工作。

由於家人希望我可以報考公務人員，當時便沒有想太多，覺得穩定生活也不錯。就這樣先找了一個中央機關的約聘職缺，然後同時準備高考。如果當時的我老老實實地去考試，後來人生的故事肯定不會是現在這樣，或許也沒有機會出版這本書了。

那段公務員生活讓我開始思考自己的人生。就像大家知道的，公務員的生活確實比較穩定，不擔心因為景氣波動而被企業裁員；但在穩定之下，相對來說也會比較缺乏挑戰性。當時我在教育部國民及學前教育署擔任人事人員，負責的業務是與教師甄選、介聘、鐘點費相關的業務。這些業務只需要照著ＳＯＰ（Standard Operating Procedures，標準作業程序）走，便能運作成熟。

這是我的第一份工作，可說是開啟了我對人力資源領域的啟蒙。但我卻不怎麼喜歡這份工作，因為對我來說實在「太無聊了」。

假設我順利考上高考人事行政，最後成為一個公務員，我的人生會如何？或許就是平穩的生活二十年，然後升到某個學校或單位的人事主任，這就是我人生的高峰了，連薪水多寡大概也可以推算出來。

## 盡量多問自己「為什麼」

雖然公務人員有許多福利，不論是低利率貸款還是各種優惠，但我並不想一生都在做SOP的事情。那年二十三歲的我開始思考，假設不想要穩定的工作，那我想要什麼？給自己的定位又是什麼？

**「為什麼」需要穩定的工作？**想考高考當公務員的「真正原因」是什麼？原來是因為家裡的經濟情況不好。其實我要的不是穩定的工作，而是可以讓我扛起撫養家庭重任的薪酬待遇。**在人格特質上我是怎樣的人？**我發現自己喜歡與人接觸、喜歡認識新朋友，同時喜歡探索新事物。

回顧自己人生的前半段，想到小時候曾經很想成為國家地理雜誌的攝影師，為什麼我曾經這樣想呢？那是因為當時的我從來沒有出過國，很想看看外面的世界。而**我喜歡什麼事物呢？**雖然是念文組的，但是對科技產品很有興趣，大學就喜歡看3C產品的評測介紹。

把這些從「為什麼」之中探索出來可能的點串聯起來後，我突然想通了，其實我真正想要的工作是「科技產業的外派人員」，這才是我未來的目標跟我想要的。這份工作結合了我的定位，也讓我找到了目標。在深刻了解定位跟目標後，卻發現當時中興大學歷史系剛畢業的我並沒有優勢，英文不好也沒有上過商業課程，如果冒然地直接投履歷，或許在第一關就會被刷掉了吧！

但這也不是壞事，有了目標（也就是終點）——「成為科技產業派駐幹部」，以及知道現狀（也就是起點）——「科系經歷不符」，只要能夠找到能從起點到終點的路線，並且有策略的執行方法，就能達成目標。**英文不好、不懂商業，那就去學習，讓自己的現狀跟理想達到一致，這就是追逐理想的過程。**

✔check list：

- □ 1 你了解自己喜歡什麼，不喜歡什麼嗎？
- □ 2 嘗試多方探索自己真正感興趣的事物。
- □ 3 寫下100個對於未來想像的關鍵字。

# 04 以終為始的人生路徑。

以你的想像，
而不是你的過往來生活。
——史蒂芬．柯維，企業管理與成功學大師

假設在跑馬拉松比賽，卻沒有人告訴你起點跟終點，那麼，這個馬拉松是絕對跑不起來的。因為不知道終點在哪，選手根本不知道該往哪走，這樣就會躊躇不前，深怕自己跑錯路、浪費體力，而停滯在原點。

**人生也是，除了要先定位自己，知道起點與終點，同時也要知道兩者的距離跟差異，接著要做的，就是讓自己成為符合資格的人。**

當我明確知道自己的目標是成為「科技業外派幹部」時，這就是我當下設定階段的「終點」。而同時，也知道我的起點是「一個普通大學歷史系畢業的學生」，相較於別人距離這個終點是有更多困難的。然而，有了明確的終點以後，我們的每一步都會有方向，也會知道自己踏出的每一步，都將更接近終點。也能時時檢視自己是不是走在對的道路，最重要的是這個終點要先設定好。

許多年輕人在設定目標的時候，是以「過去」為基準，就是只希望自己比現在過得好一些就好。有時候又誤以為過去是累贅，自己沒有好的出身、沒有富爸爸、沒有好的學經歷，所以達不成目標。

這種情況常常會讓人活得很累，因為難免開始與人比較，看到別人比自己好些，就很難獲得真正的滿足。其實現狀只是個起點，起點如何跟能不能達到終點是兩回事。擁有更多資源的人，只是讓他的終點可能距離起點近一些，但他也會有屬於自己的挑戰與困難。

**設定怎樣的目標，以及能不能達成、如何達成，那都是屬於自己的課題。就算出身比別人不好，不見得就完成不了目標。**所以，一定要勇敢地設定一個目標，即便這個目標看起來跟現狀差異很大，但也正因為夢想說出來可能會被人嘲笑，才有實踐的價值。

當時我在104上看到了華碩電腦駐外的Country Product Manager，於是便把它設為目標。我把職位說明抄寫下來，上面寫著，這個職位需要的是良好的外語能力、對行銷通路了解、有優秀的業務溝通能力、深刻了解產品等。也就是說，我只要能達到這樣的能力，就有機會獲得這個工作。

到底怎麼做可以讓我補足這些能力呢？以終為始，我開始去思考怎樣規劃從起點到終點的路線。

要不要去外語補習？還是先去做國內業務，累積經驗學到一些商業實務後再去投履歷？我列出了許多的方法，後來轉個方向思考，直接看看這個職位的人都具備什麼背景好了。

那時候，我發現有位在華碩工作的學姊，跟我一樣是文學院非外語相關科系畢業，卻能夠派駐海外？這時我才知道經濟部國際企業經營班有在專門培訓外派人才，結業學員遍布國內外各大產業。於是我也報考了經濟部國企班，進行了兩年的經貿跟外語培訓，最後成功派駐海外。

**最重要的是必須先訂定目標，而這個目標不應該限制在「你的過去」，而是「你想成為的樣子」。**

## 證明自己擁有非凡的價值

後來我進入了經濟部國際企業經營班學習外語跟經貿，就讀時我又開始思考，未來想外派哪個國家？如果去歐美，我比不上在當地出身或留學過的年輕人，而當時（約莫是六、七年前）東南亞還沒有現在這麼火紅，發現到這條較少人走的路之後，我立定志向要去東南亞。

於是我的新目標就調整為：「如何成為一個最佳的東南亞派駐人才？」我開始組讀書會，研究東南亞各國。從原本五、六人的小型讀書會，擴展到了七、八十人，後來還親自到越南考察，組成台灣第一個青年的東南亞考察團，同時也開始把研究的心得寫下。

後來，我很順利地進入華碩，並到越南實習，實習結束後進入了鴻海。而有趣的是，我進入鴻海後是做人力資源工作，這是因為在實習的過程中，我又開始思考自己真正想要的是什麼？是當行銷或業務為公司的業績提供助力嗎？當時我曾在東南亞許多國家拜訪當地的NGO（Non-Governmental Organization，非政府組織），留下了深刻的印象。才發現其實一直以來，我都想從事幫助他人的事業，但思考到必須負擔起家庭的重任，因而選擇了在企業組織中，與NGO概念比較有關的人力資源，開始從事招募、訓練跟員工關係經營等工作。

進入鴻海後，我又有了新的目標，希望一年內自己可以升任主管。其實在這樣龐大的企業組織中，這個途徑是很少見的，尤其我原先在公部門的經歷，幾乎不太能被當成真正的經驗。這時我思考的面向是，如果我想要在一年內成為部門主管，可以怎麼做？過程中有很多的達成路徑，**而最重要的就是，必須得到老闆的認可。如何可以贏得老闆認可呢？很簡單，做超乎他預期的事情，並且證明你是擁有這樣能力的人。**

**簡單的說，主動找到問題，並且解決問題，然後創造非你不可的價值。**

我一開始在鴻海的表現也普通，甚至可以說是不好的。因為剛進入人資部門都要做很多行政事務，而我對於那些庶務很排斥，更喜歡具有創造性的工作。一開始那些輸入資料、翻譯文件、申請簽證、處理住宿等工作，都讓我興致缺缺。某次事業群的人資長Vicky來越南巡廠，問起我在做什麼事時，我很誠實地告訴她我的工作內容。

聽完之後，她沉默了一會說：「我們為什麼要花更多的錢請一個台灣人來越南，做那些會講中文的越南人就能做的事情呢？如果你沒想到創造自己價值的方法，可能要請你另謀高就了。」

被大老闆直接這樣講，相信許多人一定會崩潰。但當時我心中升起的想法是——**「我才不是你們想的那樣，我要證明我的價值」**。

我思考自己與其他人力資源工作者不同的優勢，就是曾學習過許多行銷的概念跟方法。而當時我去越南，負責的是一家併購廠區的人資，那個廠區原是屬於某知名外商的，後來賣給我們公司。轉換公司名稱後，從原本很響亮的名字變成一個沒人聽過的新名字。如果這個合併產生的新公司，沒辦法像過去那樣招到一等人才，將會影響到未來營運。因此，我決定以行銷的方式來做人資，提出了一系列方案。透過這樣的過程，我開始證明自己與眾不同的價值，最後又被賦予許多跨廠區的大型專案。時隔一年，老闆讓我擔任新成立部門的主管，團隊共有六人。那時我才二十幾歲。

你可以想像任何事情，不要被過去或目前的狀態給拘束住。即便是剛畢業，也可以大膽想像明年今天的自己成為經理；或者你還是學生，也可以大膽設定目標，想找一個月薪40K以上的工作，沒有什麼不可能。

當我們設定目標以後，就是實踐；但實踐一定要先有目標，不然就會像無頭蒼蠅一樣亂竄。**先勇敢做夢，但不能只是作夢，讓自己變成會思考的白日夢大師。**

剛進入社會的我們不外乎希望找到具有競爭力待遇的薪水，或者期待自己在職場上可以快速晉升。這些思考方向都不脫離——「如何讓自己創造出超越他人期待的更高價值？」只要換位思考即可，就像考試念書時，不要想著在看書，而要假裝自己是出題老師，用老師的角度去審視教材，自己出題，然後想解答。

THINK ABOUT：

1 相信自己可以完成任何想做的事。
2 不要小看自己，你其實已經擁有完成夢想所需的一切可能。
3 只要先訂好目標，然後筆直地朝向標竿前進。把終點先設好，終將能達成目標。

# Career planning

# Chapter 2

# 讀大學，提前準備提早勝出

主動出擊、別害怕失敗，
累積你的差異值，走出夢想的道路

# 05 科系只代表你的課表是什麼樣子。

知識是青年人的最佳榮譽，老年人最大的慰藉，窮人最寶貴的財產，富人最珍貴的裝飾品。

——第歐根尼，古希臘哲學家

我在演講中，最常被問到：「你是歷史系畢業的，為什麼可以做到科技業主管？」、「你是如何突破科系的限制？創造與眾不同的職涯？」

這些問題非常有意思，問題的框架建構於我們認為怎樣的科系，就應該會有相應的職涯可能。好像不念資工系，就不可能當工程師；或者念哲學系，就一定會跟科技產業絕緣一樣。但真的是這樣嗎？

當年大學放榜後，由於自己是留級重念，有些親戚很關心我考上哪個學校。當知道我上的是歷史系時，最常聽到他們說：「歷史系？那能幹嘛？當老師嗎？還是去挖骨頭？」這一句話就有兩個邏輯錯誤。第一，挖骨頭的是考古學家，那要念人類學系；第二，其實所有科系都可以當老師。

我們常常有一個迷思，就是認為讀什麼科系就會擁有什麼樣的專業，甚至更進一步，念怎樣的科系就會擁有怎樣的性格。例如，覺得工科女生都很Man，文學院的男生比較陰柔等。這些刻板印象其實只是一個「想像」和「迷思」，**簡單的說，只要你是一個「主動的人」，你讀的科系跟你的前途沒有完全的正相關。因為科系只代表一件事，就是你的「大學必修課表」會是什麼樣子。**但是課表長什麼樣子，就代表會有怎樣的能力嗎？

沒有這回事。

舉例來說，難道每個體育系的學生都是肌肉猛男？每個中文系的都是文青？每個外文系的都英文母語等級？讀過大學的都知道，這有點難度。就算你念中文系，不代表就不能學寫程式；即便你是念理工的，也不代表你跟人文領域的工作距離很遙遠。除非是法律規範下，一定要是相關科系、經過專業訓練才能從事的行業，例如「醫生」或「律師」，否則你可以從事任何喜歡的職業，並不會因為科系而被限制住。

而且你的課表並不代表你就只能學到所屬科系的課程，除非你只想用那張畢業證書證明自己的能力；不然就算你是園藝系，難道不能修行銷課程，或參加一些商業競賽，然後讓自己擁有相關經歷嗎？不是資工系，誰說就不能學程式語言，可以去上學校其他系所的程式語言課程，甚至計資中心也有很多課程可以選修。就算校內都沒有開，網路上也有一堆免費資源。

所以像是AI、5G、大數據這些新穎的名詞，也不是理工科系的專利，就算是念文組，你的課表跟這些一點關係都沒有，也可以透過自己找管道學習的方式，在學的時候提早裝備自己。

甚至像外國語言能力，也有超多不是日文系、德文系的學生，透過修習第二外語，語言程度甚至比本科系學生還好。**限制我們的不會是科系，而是自己的胸懷與視野。**所以重點是要先有個方向，知道自己想往哪個方向，對什麼事物有興趣並懷抱熱情，學校有何其多的資源可以運用，千萬不要讓自己吃虧了。

除了選課，你還可以透過其他方法讓自己突破科系的限制，例如：企業實習。企業實習可以讓你扭轉科系的限制，許多公司招募應屆畢業生時，那些有過知名企業實習經驗的，等於被認證過，比起沒有相關經歷的人具備了更多優勢。而且企業在選擇實習生人選的時候，其實往往會突破科系限制，例如廣告行銷的實習工作，不一定會侷限在相關科系。而假使你是理工科系學生，卻有過行銷相關實習的經驗，等於有了另一張畢業證書，讓你有機會成為召募時的熱門人選。

另一個方法，就是參加競賽。如學校或許多政府單位經常會舉辦創新創業或者商業相關的競賽，這些也是讓你證明自己能力的方式。不妨試想，假設你是面試主管，今天有許多應屆畢業生的履歷在你眼前，其中有幾個同學具備知名企業實習或商業大賽的獲獎經歷，這表示他的經驗跟能力已經被認可，至於他就讀的是什麼科系其實已是其次。

所以，**我們不應該問自己的科系畢業後能做什麼，這其實是對自己的職涯缺乏想像；反而要思考自己到底想做什麼，又如何透過現有的能力和資源達成目標。**

## 打造專屬於自己的學習規劃

回到前面提過的，讀中文系不一定就很會寫文章、體育系也不代表各個都是肌肉男；讀什麼科系，只代表「大學課表可能的樣貌」。**但大學的根本就是自由，你應該要自己創造出屬於你的學習規劃。**

若是想當業務，那就應該思考以目前來說，你還欠缺什麼能力，而不是你的科系跟商業是否有關連。確實光憑一張非本科的畢業證書，真的比不上商管相關科系四年所學；但你可以透過大學四年各類活動的參與及課程學習，來證明你擁有這樣的能力。

所讀科系不該是你職業生涯的限制，我們過去傳統上對大學科系與職涯直接關聯的錯誤觀念才是。如前面所述，我是念歷史系出身的，畢業後曾經在公部門工作一陣子，後來發現那不是我想要的，而我最想要的是能到海外工作。於是我評估自己的情況後，知道自己欠缺的是外語能力及經貿知識。

接下來，我便不斷加強進修這兩個領域，不僅多益考到九百多分，證明自己的外語能力夠強，也考到相關的其他證照、參加過一些商業企劃競賽並獲獎，最後錄取了不只一個科技業外派的職缺。甚至工作到現在，我更認定自己讀歷史系的背景，讓我相較於商學院出身的同仁更具有優勢。過去歷史系的訓練，讓我在資訊搜尋、歸納整理、文字表述，以及因果論證方面，都更得心應手，成果尤其常反映在報告撰寫上。

但回過頭來，如果我只有歷史系畢業，光憑著「人文思維」，是不可能有今天的機會與際遇，所以絕對要不斷的加強自己。如果你英語能力到達商務溝通等級，又學習第二外語，相信你的就業機會絕不比商學系畢業生少。但如果你沒有認真思考自己真正想要的未來，只想著「用大學科系決定出路」，反而會失去很多可能，在求職上成為被動的被選擇者。

THINK ABOUT：

請現在就勇敢描繪自己的夢想藍圖，思考到底未來想做什麼。接著，開始透過學校的資源不斷自我提升，為自己鋪路。你將有無限的可能。

# 06

# 榨乾你的大學，不再「任你玩四年」。

”

教育不只教我們怎麼謀生，更多是教我們怎麼健全自己。

——塔拉．韋斯托弗，作家

“

前面提到了你的科系不等於你的前途，但這個前提是你必須要不讓自己被科系所限制住，人生絕不會是在大學上榜的那一刻就決定了。不是考上台清交的熱門科系就從此一帆風順，也絕不是沒考到理想學校，人生就毀了。

而要達到這樣的境界，最好的方法就是——「榨乾你的大學」。什麼是榨乾你的大學？首先分享一個例子，大家都吃過自助餐吧，我指的是歐式Buffet，不是台式的自助餐。

舉個例子，如果這時有個大媽，她花了1,500元去五星級飯店享用自助餐，Buffet應有盡有，龍蝦、牛排、魚翅、鮑魚等。結果大媽進去卻只拿了一碗滷肉飯、貢丸湯，然後很溫和地吃完這兩樣東西就走了，你一定會覺得她是「神經病」，為什麼呢？因為滷肉飯跟貢丸湯價值不到100元，何必去吃到飽的Buffet卻吃這麼少？

要吃Buffet這種東西，最好餓個兩天，讓肚子超空，然後一進門就先狂掃最貴的食材，瘋狂吃進大量的海鮮。既然花了1,500元，就一定要吃到3,000元才夠本。不只是高檔的Buffet，相信任何吃到飽餐廳都是這樣的道理。**這不是什麼劣根性，只是大家不想「吃虧」而已。同理，很多大學生卻在當「神經病」，就是繳了大筆學費，卻只吃一點點。**

其實念大學的成本非常高，算四年學費、生活費、房租等，以在台北念書為例，每月房租可能就要上萬元，生活費也是；如果念私立大學，學費一學期動輒五、六萬，四年下來，最少五十萬跑不掉。有人曾統計過，這樣零零總總念完大學至少要花兩百萬台幣；如果到國外念大學，可能光是學費就不只兩百萬。花這麼大筆的錢，卻在考上的那一瞬間就鬆懈了，開始準備「任你玩四年」的大學，這跟花大錢去Buffet卻只吃滷肉飯有何不同？

既然投入了這麼多的成本進入大學，就要非讀到超過這個價值不可，花兩百萬的成本，就要念到五百萬、甚至一千萬的價值。那麼，該如何念出這樣價值的大學？很簡單，就是多方嘗試。

你知道學外語很貴嗎？去補習日語、德語、越語等，一期至少也要幾千塊，平均一堂課可能就要500元以上，假設你要上二十堂，那不就要上萬了？可是在學校，這只是學期初選課瞬間的事情而已。而且教課老師幾乎都是博士，會比外面教師的學經歷差嗎？

同樣道理，你去過社區運動中心運動嗎？健身房收費可能一次50元，游泳池可能要100元，但是在大學，幾乎大部分都是免費，即便要繳錢，也遠低於市價。假設你的學校游泳池只要憑學生證即可使用，那麼去一次不就賺100元，一年去兩百次，等於賺了兩萬元。

## 瘋狂吸收學校資源，提升你的未來價值

同樣的，若要在外面參加得獎學者的演講或課程，都要支付一定程度的報名費；但在學校，這些活動幾乎都是免費的。所以，你不妨試著把學校每個處室的網站都點過一遍，看到活動就去參加看看，甚至把同縣市的其他學校資訊也搜一搜，讓自己像海綿一樣不斷吸收。因為等你真正進入社會，可能就會深陷加班地獄，想要學習卻再也沒有時間。

所以，請一定要好好利用大學，每多學習一項技能，你的未來價值就會再向上提升。**時間就是本錢，但把時間拿來做什麼，必須要從「機會成本」的角度去思考。**我們在高中時都學過機會成本，即魚與熊掌不可兼得。當你

得到熊掌時，放棄的魚就是你的成本。今天你的人生有諸多選項，同樣一小時，你可以選擇在宿舍打Game、睡覺、出門去打最低時薪的工，或是去做能讓你未來時薪提升到上千元的自我投資。

當你選擇一小時150元的打工時，你放棄的可能是讓你未來更有價值的道路。舉例來說，如果將這時間拿去學習外語，雖然不像打工可以馬上見效，但這些時間卻可以讓你畢業之前多益考上九百分、通過日檢一級，在這些條件情況下，讓自己增值好幾倍，職涯也有了更多的可能。

這樣說來，一個月頂多賺幾千塊錢的打工，真的是最好的選擇嗎？

在大學階段，我確實不建議大家打「最低時薪的工」，因為那只是用時間去換取最低薪資而已，很難學到真正能讓你一生帶著走的技能。還不如玩社團，學習如何組織與領導。但如果家中真的經濟困難，建議你想辦法讓自己做更有價值的工作，不論是家教、接案等都很好，例如設計，在賺取收入的同時，你的名聲與作品也會持續累積，這對未來職涯是有幫助的。

所以不要讓自己在大學畢業時，只有一張畢業證書，那表示光是同校同系同屆就有上百個跟你一樣的人。也並非頂尖大學熱門科系畢業的學生，人人都進得了最佳企業，你一定要透過在就讀大學的期間，各類課程、競賽、參與活動等，讓自己展現差異化。

講一個最實際的例子。如果今天有個人是某某私立科大畢業，但擁有三國語言檢定證照，並都達到商務溝通等級，同時還得過全國商業行銷大賽首獎，這時他的學歷已經不重要，因為他已經證明自己具有超凡的價值。

**THINK ABOUT：**

1 就讀什麼大學、什麼科系只代表一件事，那就是你高中念得怎樣，甚至可能只代表你學測指考當天的運氣跟狀況。
2 千萬不要讓自己在離開校園那天，只帶走一張畢業證書。
3 一定要透過各種方法榨乾你的大學，並在畢業那天回首自己大學四年，覺得過得相當精采。

# 07 不要甘於當個「普通人」。

不要追隨前人的足跡，
去自己開路並留下足跡。

——喬治．蕭伯納，愛爾蘭劇作家

怪胎，是許多人對我的印象。我從小就是一個很奇怪的人。幼稚園的時候，有次老師拿著色紙教學，抽出了一張紫色花朵的圖卡，說：「小朋友，這是紫色，紫羅蘭的顏色。」

聽到老師這樣講解後，當時連注音符號都沒全認得的我大驚失色，大聲喊道：「老師，那才不是ㄗˇ色，你騙人。」接著，我拿了旁邊的白色圖畫紙說：「這才是ㄗˇ色。紙是這個顏色的。」原來那時不認得國字的我，以為老師說的紫色，是紙的顏色。

問題很多、非常叛逆，是我求學時期給很多老師與同學的印象。

到了大學也一樣，大家都不喜歡坐前排，我偏偏坐在最前面，老師問台下同學問題時，往往鴉雀無聲，第一個舉手的，通常都是我。當時的我，就被認為是個很奇怪的人。

相信你一定也遇過在老師趕課程進度時，一直問問題的小白吧！在東方社會中，這種打斷上課節奏、問題特別多的人，常常會被其他同學翻白眼。我們從小在儒家文化的薰陶下，更不喜歡顯得「異常」的人。大家怎麼做，盡量就跟著，出事了也不會怎樣，反而有事大家扛，所以便養成了一窩蜂的性格，愛排隊、愛跟風。

**當個怪胎沒什麼不好，因為不當普通人，你才更有可能超越平均值。**美國知名的行為科學家，哈佛大學商學院教授法蘭西絲卡．吉諾教授，根據他多年的研究發現，擁有「叛逆人才」的企業，相較於傳統科層體制的企業，更容易有創新的價值創造。

這其實很好理解，如果我們都是普通人，甘於平庸，別人教你做什麼就做什麼，總是試圖融入群體，寧願當低調的百分之一，如何能帶來改變？但我所謂的怪胎，並不是指做怪異行為引起注意，而是拒絕盲從於大眾，敢於突破既有價值體系與框架。

**不要別人做什麼就跟著做，也不要認為多數人所做的就是安全牌，而是要對自己真誠，問清楚為什麼，保持懷疑而且勇於當個「反叛者」**。許多年輕人常常跟隨主流意識，像是到了大三大四，不管什麼科系，一定有不少同學展開補習人生，為的就是考研究所，但你問十個人為什麼要考，會有八個提不出自己真正的分析跟見解。

假設，今天一個大學生可以很明確地闡述自己的動機以及理念，同時能有很好的邏輯推導，那他的決定就很難被說是盲從。

**提出質問，是成為叛逆人才的第一步。**今天的世界，三百年前的人很難想像。人類文明的演進就是不斷發現新的真相，推翻過去對世界的看法。我們都知道，以前的人相信地球是世界的中心，甚至認為地球是平的。如果今天還有人這樣說，極有可能會被當成神經病。提出「日心說」的哥白尼，在那個時代就是個不折不扣的怪胎。

這就是為什麼吉諾教授會說，是叛逆的怪胎推動了時代的演進。但想成為一個叛逆人才，不是只有提出質疑而已，那樣有可能會變成一個懷疑論者，而每天疑神疑鬼的。

舉個例子，今天假設同樣的時段有兩門選修課，一堂場場爆滿，原因不是因為上課內容扎實，而是分數給得夠甜，老師不在意出席與否也不用交報告，人人分數八、九十，是拉高平均分數的好幫手；另一堂修課的學生不到十人，還差點開不成，因為授課老師嚴謹、作業跟考試都很多，但真的有內涵。是你的話，會選哪堂？

答案不只是第二堂而已，而是該進一步思考更深層的「為什麼」，以及你想在大學得到的是什麼樣的東西？多數人喜歡安逸，能夠輕輕鬆鬆拿高分當然很好，成績單也漂亮。所謂的叛逆人才，是喜歡自討苦吃的，因為他們不想走一般人選擇的道路，也想創造出與眾不同的價值。我在大學時期，就常常去修這種人很少的課程，當時這些異於主流的選擇，後來深刻地影響了我的一生。

## 成為叛逆人才，走出不一樣的路

在這裡分享一個叛逆人才的故事，台灣車聯網新創企業LSC的創辦人——林松慶。林松慶小學時因為母親覺得練體育對身體好，而考進專攻網球的體育班，成為體育生；但國中時卻沒有繼續走網球這條路，反而因為興趣報考了美術班。

雖然就讀美術班，林松慶卻發現自己對數理有極大的興趣。最後再度轉變方向，參加一般的聯考。後來，他考入了當地私立大學的機械系，但想起雄中同學們都上了台清交等學校，他又給自己一個目標，報名重考班重新開始念書。天資聰慧的他，後來進入台灣大學機械系，大二時因為修了一門課，而完全翻轉了他的人生。

這堂課，就是台大機械系鄭榮和教授的「工程實作」，深信工程貴在實踐的鄭老師，二十餘年來帶著學生造出太陽能車、滑翔機、輕航機，到燃料電池機車。把課堂上的學理轉換成實作的經驗，也培育出台灣業界許多一流的研發技術人才。

二十九歲時，就讀博士班的林松慶，開始替自己擘劃了長遠的生涯規劃。他給自己五年的時間，進入業界學習從開發、量產到市場面向的專業知識與技能，最終，他要完成大學時的夢想，創立一家全新型態的公司，建構一個不同以往的產業生態圈。二〇一九年，他終於實踐了多年的理想，跟著過去的團隊夥伴共同創辦了公司。雖然公司創業不久，即遇到全球新冠肺炎疫情的襲擊，卻憑著他十餘年來帶領團隊在電動載具動力系統上研發的實績，獲得投資人跟客戶的高度讚賞與認可。短短半年，公司資本額已接近兩億，二〇二〇年營業額更預估能突破一億。

從林松慶的故事，我們看到了「顛覆」與「叛逆」，練了六年體育卻在國中改念美術班；到了高中又為了追求興趣而改念普通班。曾有過荒唐的日子，但這些都成為他日後的養分，每次的叛逆都讓他找到真正的方向，也成為未來創業的種子。所以，你也可以試著做出與眾不同的決定，勇敢地為自己叛逆一次吧！

**✔CHECK LIST：**

- □ 1 你是否有勇氣，選擇走自己真正想走的路？
- □ 2 你曾認真思考過，自己為什麼要做這樣的選擇嗎？
- □ 3 你是否甘於做個父母與師長口中的乖乖牌？

# 08

# 玩社團很重要，累積你的能量與機遇。

”本來無望的事，大膽嘗試，往往能成功。
——莎士比亞，英國文學家“

學生時代有一件事情非常重要，那就是玩社團。參與社團，是有機會影響一生的。我們甚至可以利用社團，從大學便開始累積創業能量跟機遇。我的好朋友，也是台灣知名的知識推廣平台「生鮮時書」創辦人，就是一位因社團而有所成就的人。

鮪魚是高雄人，從中學開始便搭上當時的網路文學熱潮，讀小說成為他學生時代重要的回憶。那時念雄中的他，特別喜歡看武俠小說，讀著讀著，自己也開始寫了起來。他高中時寫過小說投稿校刊，之後便發現自己對文字傳播有一股熱情。高三時，開始對廣告、傳媒等領域很有興趣。但鮪魚不只是一個喜愛閱讀的文藝青年，在就讀高雄中學時，他也熱衷於社團活動，不但在學校熱舞社擔任副社長，也常常參與許多熱舞相關的營隊和活動。

對社團的熱情到了大學更加深厚了。鮪魚就讀中正大學大傳系，他不只繼續在熱舞社耕耘，甚至成為當地高中的社團指導老師，同時也加入系學會，成為系學會會長。全心全意為社團活動付出的鮪魚，在領導社團中，開始對經營、管理跟建立團隊感到興趣。也結識了許多不同科系的夥伴，甚至認識到未來的創業夥伴與人生的另一半，這都是源自於大學這段「瘋社團」的過往。

鮪魚說，「熱舞社可說是『惠我良多』，所以我也會建議年輕朋友一定要參加社團。在社團中可以學習到的，遠遠超乎你的想像。」

大三的暑假，鮪魚有機會到業界的廣告公司實習，讓他覺得驚訝的是，業界的實戰技巧很少能在大學課堂中學到。深感危機意識的他，於是展開了一個特殊的「自主學習計畫」。他在網路上開設部落格「鮪魚星球人」，開始以廣告為主題，分析廣告案例。當時網路上，專門評述國、內外廣告案例的訊息較少，因緣際會之下，讓當時還是大學生的鮪魚，透過經營個人品牌而開始被業界所知。

部落格一直寫到當兵前，鮪魚認識了他職涯的第一個老闆，順利進入了業界。他透過線上寫作建立起名聲，讓自己不用像其他應屆畢業生一樣，到處投履歷面試；**而是讓自己成為磁鐵，把機遇吸引過來。**

一路在廣告業界的鮪魚，接過許本土及外商的知名品牌，在數位行銷上打下深厚的基礎。這時鮪魚開始思索：「這些大品牌的案子之所以成功，到底是因為他們本身品牌就很好，還是真的因為我們提供的方案奏效？」

## 不要怕失敗，勇敢嘗試才能創造差異性

二〇一七年，當時中國正流行「羅輯思維」、「樊登說書」等知識分享的新模式，喜愛閱讀的鮪魚也萌生了創業的念頭。年輕的他也曾經困惑，害怕踏出舒適圈可能帶來的未知風險，一次跟朋友的對談中，朋友一句話點醒了鮪魚：「你覺得創業難，還是找工作難？其實給自己一年的時間，就算失敗的話再回業界也不會怎樣啊。」聽完之後，鮪魚便義無反顧地去闖，最差的情況頂多存款燒完，回去找工作而已。

就這樣，鮪魚跟大學時期因創業比賽而認識的好友施筱姍，共同湊了一百萬，展開這場創業之旅——「生鮮時書」，這個常常會讓人誤以為是賣蔬果的名字，發想於希望大家都可以在面對實際問題時，在書中找到「新鮮的」知識，以解決當時遇到的問題。

錢燒了幾個月後，他們開始想到創業的初衷，是希望可以讓知識為眾人所用，於是開始找尋其他模式。在「讓知識為你所用」的品牌概念下，團隊開辦了線上及線下的相關課程，找來過去在廣告業的前輩，將實戰經驗帶入課程中，再傳授給讀者。這種當時並不常見的課程模式，獲得十分積極且正向的迴響。

另外，他們也透過音頻課程，讓上班族能在通勤時利用碎片化的時間學習。在企劃出多堂熱銷課程後，「生鮮時書」在沒有特殊外在投資的情況下，開始有了正循環的獲利模式，並逐步擴大團隊。雖然生鮮時書每年營運都是正向成長，成立後幾乎年年擴編、換辦公室；但在創業的路上，也遇到不少難題，甚至曾面臨發不出下個月薪水的窘境。

「我曾為了發薪水，四處借錢，一旦成為創業家，肩負著夥伴的生計時，那壓力經常讓人緊繃到睡不著。」即便路程中充滿挑戰與潛在困難，「生鮮時書」卻也度過層層關卡，不斷成長，緊抓著最初創業的核心價值「讓知識為更多人所用」，不斷的深化內涵。

鮪魚從一個單純熱愛閱讀、文字跟傳播的年輕人，到勇敢突破舒適圈的創業家，他給年輕人的職涯建議是：「**不要怕跟別人不同，勇敢創造屬於自己的差異性。**」

有豐富的組織創建跟團隊建構經驗的鮪魚，認為現在年輕人的經歷已比上一代強，許多人甚至在大學時期，就已經參與過社會運動或是與產業接軌，做出具業界水準的作品。鮪魚自己的職涯，有很大一部分就是基於大學玩社團的經歷，所以不要害怕嘗試，勇敢地去參與社團，你將有意想不到的收穫。

**THINK ABOUT：**

1 從大學時期，就開始累積作品跟實戰經驗。
2 假設喜歡行銷，就試著經營社群，擁有特別的經歷，也可以讓自己的履歷成為更有獨特性的一時之選。
3 企業實習、社團參與，也都是替自己加值的方式。

# 09 學校沒給的，由自己創造。

> 對自己最好的投資，就是教育。
> ——富蘭克林，美國開國元勳

前面我們談了許多如何讀好大學，不論是玩社團、參加比賽或其他事情，但有些人或許會覺得自己雖然有心成長，可是學校卻沒有提供這麼多的機遇，或許學校社團風氣不興盛、海外交換機會也不多等等。其實，那些學校不能給你的，全都可以自己來創造。接著我將分享一個因為學校沒有，而靠自己創辦了跨國學生組織的故事。

二〇一九年台大金融論壇中，其中一位分享人是二〇一七年剛從台灣大學會計系畢業的唐龍，他不是來跟學弟妹分享職場生活，唐龍作為亞洲第一支校園創業投資基金Rookie Fund的台灣區負責人，來與同學們簡報Rookie Fund是如何挖掘學生新創團隊，並且鼓勵同學們投入創業的領域。

唐龍在學生時期就是風雲人物，高中時就曾擔任東海大學附中的第一屆學生會長，喜歡打籃球的他，大學時也曾是台大籃球校隊的一員。不只在體育方面表現傑出，唐龍的大學生活也參加許多社團，包含了台大模聯、全球集思論壇、學生會、台陸學生交流會等。

唐龍在大三時就創辦了AEBS（中華亞洲頂尖企業學者協會），建構一個聯合美國、日本、韓國、中國等地學生的交流平台，讓台灣的學生可以跟首爾大學、東京大學、北大復旦、史丹佛大學等頂尖名校學生相互學習。更在校內創立了台大哈佛論壇，是台灣首次與哈佛大學建立密切的學生交流論壇。

之所以創辦這些跨國交流平台的契機，源起於唐龍自己在史丹佛大學交流的經驗。**他發現美國的大學生自主性更高，沒有限制主修及畢業門檻，學生可以自訂自己的學習計畫。**他認識一位朋友Dina，對東亞研究很感興趣，便自己安排課表，教授同意後就申請許多交流計畫，進而來台灣訪問交流，經費也由學校補助。

這讓他感受到大學無限可能的美好，而他也在史丹佛大學的博物館中，看到讓他印象深刻的一句話：「**當個追夢者，而不是做白日夢的人。**」被這樣的氛圍感染，唐龍希望能把這樣的環境帶回台灣。

這時他發現台灣因為教育體制的關係，較少有像這樣自由開放的氛圍。一次他申請到布朗大學的國際學生交流論壇，想跟學校申請補助，卻發現沒有相關的辦法。相較於美國大學生，想要往上挑戰的台灣學生們則擁有更少的資源。然而，面對這樣的情況，唐龍以正向思考認為「學校沒有提供的，那就自己來創造。」

他以在史丹佛大學交流認識的夥伴人脈，創建了AEBS，現在已經在全球有六個分會，每個學校的夥伴，每半年會固定相互到各國交流。而這樣的國際學生交流組織，後來也運作的十分成功，而成為立案的社團法人。唐龍的核心精神就是希望把世界帶進台灣，他深信台灣大學生的資質並不輸給海外的大學生，只要能找到建構平台，一樣也能有相當優異的表現跟可能性。

後來，唐龍因緣際會接觸到了創投這個領域，在二十五歲的年紀，成為亞洲第一支校園創業投資基金Rookie Fund的台灣區負責人，Rookie Fund是由前五百Startups合夥人馬睿及共同創辦人張劭謙所發起的。唐龍能有這樣的機遇，很大一部分是因為大學時期，認為學校給的不夠，而到處尋找資源創辦組織，因而創造出屬於自己的可能性。

## 擴大學習光譜、走出校園，豐富你的大學生活

接著我將分享幾個創造更多可能的方式：

**一、跨界學習**

不論你是什麼科系，都試著去探索學科光譜的另一端。簡單的說，如果你是人文出身，就去選修一些程式設計的課程吧！就算是理工科系，也可以選修中文系的紅樓夢，因為跨界的學習，可以讓你發現許多過去自己所不知道的興趣，進而找到更多可能。如果你的學校沒有偏重某一塊領域，而缺乏所謂光譜另一端的課程，那就跨校選修、旁聽課程吧！你將會發現一個又一個不一樣的新世界。

**二、走出校園**

為什麼美國的上層階級家庭，都希望自己的孩子可以進到耶魯、哈佛這樣的常春藤名校呢？**其實有很大一部分是為了建立「人脈」，認識什麼樣的人會決定你未來的走向。**這樣說來，其實重點不是你讀什麼學校，而是你「認識誰」，如果我們只待在自己的圈圈，那麼，人脈自然受限。走出校園，參加許多跨校的活動，不管是社團還是競賽，試著去認識其他學校有同樣興趣或愛好的人。甚至可以跨越國境，與其他國家的大學生交流，運用線上雲端工具，建立連結。

## 三、建立社群

身為社群動物，其實很難像美國英雄漫畫那樣，一人拯救世界；一定要靠著團隊，才能成就事業。所以不管你在怎樣的環境，都要試著建立或者參與屬於自己的社群。假設你喜歡某個議題，學校卻沒有相關社團，那很簡單，你就擔任創辦人，成為創立一切的人。這樣的初始團隊，向心力跟革命情感也會超乎普通組織，很值得嘗試。

試著運用以上三種精神，你便可以創造出學校沒有給予的東西，讓你的大學生活更加精采。

# Career planning

Chapter 3

# 好人才，讓工作主動來敲門

所謂的完美工作沒有標準答案，
只有最適合自己專長的工作。

# 10 未來的職場趨勢。

> 疫情就像一場戰爭，將改變人們生活方式。
>
> ——張忠謀，台積電創辦人

直到現在，我還有一種不真實感。

看著電視上全世界各地的確診數目不斷飆高，醫院擠滿了病患、屍體無處可放，國家領導人的求援。即便從中國武漢傳出疫情到寫作本書的現在已經過了半年，我仍有一種作夢般的感覺，比好萊塢電影還要離奇的劇情在全球真實上演，但這就是我們所處的世界。

這場瘟疫，將永遠改變人類的生活，這是我們唯一可以預見的事情。

二〇二〇年三月，我在公司召集了針對肺炎的因應對策，從原本的戴口罩、量體溫，進階到安排人員分組進行遠端工作，取消實體會議與活動，全面改成線上。我的很多朋友開始放起無薪假，或者稱為「減班休息」，甚至許多人都面臨工作不保的危機。這當中有幾個狀況可能是未來的趨勢，如果可以提前做好準備，回到疫情結束後的職場，你將可以更快抓到契機。

## 職場生態結構大翻轉——外包興起、機動性提升

首先就是眾所皆知的遠端工作，疫情或許不會在二〇二〇年就結束，即便早於預期結束，遠端工作也將成為趨勢。

而這個趨勢會導致另一個狀況的興起，就是傳統的管理模式將不再適用。過去打卡上、下班，在同一棟辦公大樓隨時能見到主管、同事的職場結構生態將被打破。企業也會為了因應這樣的狀況，開始做出調整。那就是**外包更加興起，企業要求的機動性會更高。**

美國在疫情後有將近千萬人失業，在許多重視勞權的國家，資遣員工也需要一定的成本。這波疫情讓企業意識到，在面對變局時，養著正職員工讓企業要應對更難，除了減薪、無薪假、裁員之外，還需要負擔其他可能的成本風險。而政府也了解到，傳統組織體制內的員工，在面臨這樣的全球危機時，需要付出的救援成本也頗高。

所以，隨著疫情造成的遠端工作趨勢，個人工作者及工作委外需求一定會加速增加。企業為了把風險轉嫁出去，把原本許多組織內的工作內容，改為透過線上平台轉包給個人工作者，既有企業的組織結構也會逐漸解構。

邏輯是這樣的，當疫情造成諸多國家下達封城或禁足令，在家工作是唯一的選項，當企業發現員工不用來上班也能運作很好，於是便進一步思考，未來是否連固定的員工薪資或社會保險支出也可以節省下來？如此一來，連遇到危機時裁員的風險也都能規避。

同樣的，受雇者被困在家中，如果面臨減薪或無薪假，一定會為了生計尋求能增加收入的方法，於是被迫開始成為個體戶線上接案，從過去傳統的平面設計、文案、軟體設計等，擴展到其他功能。各種工具也會因此相應地開發出來，所以很快就會看到各種過去難以想像的企業組織功能部門，都在家工作，甚至出現外包的情況。像這樣個體崛起的趨勢，絕對會更快加速。

## 拒做取代性高的SOP工作，「個體崛起」時代來臨

在生產上也相同，這次疫情導致許多工廠停工，但市場需求依然存在。不僅許多3C產品缺貨，像我剛好買了新房，需要添購各種家電，也面臨了商品缺貨的問題，就連公司要採購新電腦也困難重重。

中國過去作為最大的生產基地，全國停工兩個月，因而讓全球各國意識到仰賴單一國家的可能風險。但是傳統的製造產業，都必須仰賴於勞動力低廉的發展中國家設置生產中心，所以開始意識到這些狀況的企業，一定會試圖打破這樣的經濟結構。

將關鍵的生產中心拉回本國，但又沒有便宜勞動力的情況下，智能化、無人化的生產模式一定會加速前進。而歐洲、美國等先進國家，更會抓緊機會盡快進行產業升級，才能避免因這次疫情所造成的窘境。

即便疫情過後，低端的勞動力面臨下一個時代的生產結構迭代演進，肯定會遇到另一波就業危機。落後國家很難再依循過去加工出口的模式，複製過去許多國家曾有過的經濟奇蹟。

疫情會加速AI跟大數據的發展，固定化的工作會更快被取代，過去認為十年後才會來的新時代，可能五年內就到來。**所有可以被SOP化的工作，都可能提前被人工智慧取代。沒有特殊專業技能的人才，將遇到更大的就業**

**挑戰，無法適應這樣趨勢的人必然被淘汰。**

如何以新思維來應對未來趨勢，首先，就是「個體」的思維。即便這次疫情可能造成全球許多中、小企業倒閉，但未來的工作模式將不再是依附在大企業、大財團中，因為企業也不傾向雇用正職人員。

因此，每個人都要把自己當成「一家公司」，從過去在組織中支領月薪，改變成為提供服務的「論件計酬」模式。而如何脫穎而出，「個人品牌化」也是一大要點。你不妨試著思考自己如果是一個「供應商」，能夠提供給企業或其他個體怎樣的服務？如何在家中或其他地方有效率的產出，將是一大課題。

這樣的模式會推動人類社會的演進，就像過去黑死病打破了中世紀神權至上的王權及教會體制，進而間接推動了文藝復興、宗教改革與啟蒙運動。新型冠狀病毒帶來的大瘟疫，也會在一定程度上，改變所有人的生活跟工作模式。

在疫情後的新社會，**人的價值會被更加突顯，創造性的思維與人文精神，會隨著個體及遠端的崛起更加受到重視。**而我們如何能準備好應對這樣未來的技能，即開始尋找屬於自己的解方，問問自己以下幾個問題，透過這樣的思考跟對話，就能在危機中提前讓自己具備應對挑戰的能力。

✔CHECK LIST：

□ 1 我擁有怎樣的技能可以賦能他人？
□ 2 我的存在可以如何為社群及組織帶來正面影響？
□ 3 如果我還不具備這樣的能力，該如何學習補足？
□ 4 我將成為自己的「老闆」，應該如何自我管理？

# 11 企業從不找最優秀的人才

我不喜歡只做我喜歡做的事，
我喜歡做能讓公司成功的事。

——麥可．戴爾，戴爾電腦創辦人

我去高中或大學演講時，老師與同學們常會問：「現在的業界喜歡怎樣特質的人才？」這個問題幾乎快被問到爛了，但問題的結構就好像：「怎樣性格的男生或女生，才是最好的交往或結婚對象？」，無解。

可能有些人會說，怎麼會無解？像是體貼、愛家，善良等，答案可以有很多。但我們應該從另一個角度思考，真的會有這樣一個人，對「所有人」來說都是最好、最完美的對象嗎？我不認為。找工作，就像男女交往一樣，是一個「雙選」的過程，而這個雙向的過程中，在選擇後還要維持關係。**到底什麼是「最好的」？所謂「業界」喜歡怎樣的人才，自然也沒有標準的答案。**

就好像每個人喜歡的人不同一樣，就算只看外貌，也是青菜蘿蔔各有所好，追求「標準答案」這種根本不存在的東西，其實本身就是關注錯事物的面相了。為什麼沒有標準答案呢？因為世上有幾萬種行業及工作，每一個職位所需要的技能、人格特質等都不盡相同，在這個產業或崗位上被認為很棒的特質，在另一個崗位上卻可能是劣勢。

就拿我本身的專業——人力資源來說，可以大致分為招募、訓練、行政與員工關係。這些工作所需要的特質都差異很大，招募跟訓練需要經常與人接觸，活潑外向、善於溝通是一個很重要且能加分的特點；然而，像行政這種精細、不能出差錯的工作，需要的便是能專注且完全不同特質的人，畢竟薪資算錯、發錯，對公司來說是嚴重的過失。

光是人力資源，不同功能就需要不同特質的人才，何況是把範圍擴大到「產、銷、人、發、財」不同部門的每個崗位上呢？會有個統一的標準來衡量什麼條件是最好的嗎？我想應該是沒有。所以你要知道，**企業從來不找「最優秀的人才」，而是找對於職位來說「最適合的人才」**。

甚至，所謂最優秀的人才，也可以說不存在，因為根據不同的維度跟層次，很難全面性的評價。例如，創新型人才跟運維型人才，很難分辨誰優、誰劣，公司的確需要有人去做開創的事物，但也需要有人做一些營運的庶務，端看職位的需求。舉個例子，假設今天你要招募一位「行政助理」，負責的是公司日常的行政事務，結果來應徵的是二十五歲的頂尖學霸哈佛博士，收到履歷的你敢找他來面試嗎？

就算他具備的各種技能、條件背景都超越其他人，我也不敢，正是因為他太過優秀，讓我不會找他來面試「行政助理」這個職缺。因為偏離需求太多，反而怕留不住。這樣看來，對於找工作，你必須要有一個認知，就是沒有最優秀的人才，只有最適合的人才。

## 切勿亂槍打鳥，最適合勝過最優秀

所以，目標應該是讓自己成為最適合的人選，而不是虛無飄渺的想當最優秀。什麼是最適合的人選？如何了解該職位需要怎樣的人？很簡單，去看看職務說明，一般在召募時都會清楚提到需要的技能、背景及專業能力。

即便是距離畢業還有段時日的大學生，也應該打開人力銀行看職缺，因為你必須先知道自己喜歡怎樣的工作，想要從事什麼產業，以及對於這個職位來說，具備什麼樣的條件才是最適合的人選，然後運用大學期間充實自己成為符合的人才。

如果你看到一個職缺，是派駐海外的業務，上面寫著需要多益八百分以上，能商務溝通、若有當地語言的溝通能力更好，那就可以成為你大學時期的具體目標，即鍛練好英文能力及學習第二外語。此外，很多工作雖然提到需要兩到三年的工作經驗，但並不代表應屆畢業生不能投遞，誰說大學剛畢業就沒有工作經驗？

假設是一個要求有公關活動辦理經驗的CSR（Customer Service Representative；客戶服務代表）職缺，如果你在大學時辦過藝術季、系週展等，那也是一個活動經歷，這段經歷就能成為佐證。或者是有個業務職位，需要一年以上相關經驗，如果你曾經在大學辦活動時，擔任過拉贊助的角色，以前學長姊只達到一、二萬，而你卻拉到了過往的兩、三倍，這不算是優秀的業務能力嗎？

因此，**我們要逐步定位自己，摸索尋找到自己真正想要的工作，然後「以終為始」，反過來讓自己符合條件，成為最適合的人選。**而這也必須有另一個認知，就是每個職缺需要的人才類型不同，千萬不要像亂槍打鳥一樣，任何類型的職缺都投遞，這樣反而會讓招募專員覺得你並不了解自己的定位，只是急於找到一個可以領薪水的工作。

# 12 寫出決勝自傳的方法。

寧願失敗地做你喜愛的事情，
也不要成功地做你討厭的事情。
——喬治．伯恩斯，美國喜劇演員

一般來說，自傳並不是人資在看履歷時的重點，甚至在許多其他國家，求職並不會附上自傳。像在中國，一般求職者只會附上簡單的履歷，對於自己的自述可能不會超過三百字，僅簡單明瞭地總結自己的專長。

反觀自傳在台灣的求職情境下，卻擁有一定的重要性。尤其對於年輕的應屆畢業生，如果工作經驗少於三年，未來發展的可能性還很廣，而工作的專業技能也不一定具備，這時招募專員就會看你的自傳，好了解你的人生經歷中有沒有與職務匹配的關鍵字。

但我看過的許多自傳，百分之九十都不及格，不管是不是應屆生，許多資深人才的自傳也往往寫得讓人摸不著頭緒，甚至可說是慘不忍睹。

## 重點1：放棄家庭背景的冗長敘述，沒人在意你有幾個兄弟姊妹

我在看自傳時，經常看到從家庭開始描述：「我出生於某某市，家裡有爸爸、媽媽還有誰，民主開明的教育下養成我理性的態度……。」這樣的開頭其實並不太好，錯在許多人把自傳當成生平簡介來寫，制式從家庭寫到高中、大學做過什麼大小事。但，其實根本沒人在意你家有多少人。

所以，首先請思考，你寫自傳的用意是什麼？

**讓公司可以透過自傳，迅速了解你這個人，進而判斷你是否符合這個職**

**缺所需的條件**。有了這樣的概念後，你就可以知道，出生在哪個城市、家裡有誰、教育民不民主，「通常」不會讓你在任何職位上加分（當然也有例外，例如新二代找外派越南的工作）。

現今這個時代，與以往較之，家裡威權獨裁、做錯事要痛打一頓的機率已大幅降低，所以家裡教育真的可以不用寫了，除非你的出身真的太特殊，像是因為家庭背景讓你會某種冷門語言，或你是祖傳百年紡織業少東，或者出身窮苦家庭卻得了總統教育獎等等。

**重點2：自傳不必寫「我的一生」，而該說明「為什麼我是最佳人選」**

也有人把自傳寫得太「多采多姿」，連小時候得過全國直笛大獎都拿出來講，國中當過班長也大書特書。要記得：寫自傳並不是在寫「我的一生」這類命題作文，就算只有二十幾歲，你的一生仍有許多故事可以說，卻未必全是公司想要或必須了解的。

什麼是人資會想看到的？我們要就設身處地，從人資的角度思考。人資要找什麼？就是最適合當前職缺的人。所以這篇自傳應該是個申論題，題目是「為什麼我是這份工作的最佳人選」，所有的論述都要緊扣這個核心議題，舉出事實，證明你就是最佳人選。**而關鍵字「最佳人選」，其背後的涵義不是「最優秀」，而是「最適合」。**

**重點3：針對應徵的職缺，及其所需特質，決定如何呈現自己**

接下來，這個最佳人選還必須緊扣一個課題，就是職務本身。每個職務的最佳人選所需的人格特質都不盡相同，如「研發」的職缺，或許就不在意個性是內向還是外向；但如果是業務，可就自閉不得，因此要特別強調自己與人交際的這個層面。假設你應徵的是「國際業務」，那就先想像自己是招募主管，思考這份職務會需要怎樣的特質，自己先條列出來。例如：

**1 具業務相關經驗**
**2 外向開朗，喜歡與人溝通**
**3 能夠團隊合作**
**4 外語能力強**

接下來，開始思考自己符合其中的哪些條件。應屆畢業生沒有當過業務怎麼辦？如果大學曾經當過活動公關拉過贊助，而且成果還算豐碩，那也是一個相關的工作事蹟。而第二、第三點，就可以在自傳中描述與人交往的情況，例如在課程報告中經常擔任組長，很喜歡參加各種營隊結交朋友，這些都是不錯的論述。最後的語文能力，最好直接拿出檢定成績，如果沒有，就透過事實舉例來證明自己的外語程度。

簡單來說，整份自傳的目的就是在「論證」你是這個職務最適合的人選，所以每一句話都要緊扣主題，而且必須具有參考價值，沒有加分效果的就是贅言。

**重點4：三秒抓住人資目光，善用「次標題」與「關鍵字優化」**

每到求職旺季，招募專員動輒一天會收到上百封的履歷、自傳，看一篇的時間可能只有幾分鐘，甚至更短。也就是說，他必須在幾分鐘內，判斷出這個人選能否進入下一關。應試者必須把握這短暫的黃金幾分鐘，盡量抓住對方目光。

確實也有不少公司會直接將學校科系視為優先篩選條件，但如果自傳夠吸睛，即使校系不符，仍有機會讓對方繼續看下去。自傳就像行銷文案，目標客戶為雇主企業，具體的目標就是讓對方認為你就是他們公司所需要的人才。要做到這點，有兩個祕訣。其一為——「標題組織化文章」：**每個大段落前，善用次標題，讓招募者可以快速找到他想要看的內容；能用一句話完整表達的，就不要寫到兩句話。**假設要提到大學的社團經驗，你可以寫成如下：

**大學參與合唱團，擔任團長領導團隊——**

大學時期因為熱愛歌唱，加入合唱團。曾擔任公關長，舉辦過各式各樣的活動。並曾組織拉到活動七成經費的贊助，使活動經費較往年更寬裕，因此得到團員們的支持，擔任團長。團長任內亦曾擔綱校慶音樂會總召集人，和校方還有各音樂社團協調專案流程。

這樣的次標題具畫龍點睛的效果，比起單純寫「社團經驗」四個字好，且以一句話囊括所有內容，組織化文章、讓人資迅速找到脈絡，節省時間之餘，也會令其印象深刻。此外，應徵者也可藉此檢視自己論述的分布。

第二個祕訣為——「SEO（關鍵字優化）」。由於招募專員並不會逐字逐句閱讀，而是一眼快速掃過去，以搜尋關鍵字。如果這個職務的關鍵字是「團隊」，那招募人員就會優先尋找該關鍵字，作為判斷對方是否有「一語中的」的基準。

## 重點5：舉證鐵錚錚的事實，不談虛無縹緲的情懷

回到一開始說的，自傳是個「申論題」，題目是「為什麼我是這個職缺最適合的人才」，若要說服對方，重點就是能舉例「證明」。

只說「我是個善於團隊合作的人」，並不是證明，只是表述，這樣的表述太空泛，要講出事證來支持這樣的論述，才算成立。而提出事證最好的形式就是量化。與其說「因為大學參與許多社團，讓我學到團隊合作的精神」這種虛無飄渺的話，不如說「大學期間參與了兩個社團，其中在排球社任內

擔任活動長，帶領二十人團隊，總召舉辦過全校三十個系所五百人參與的排球賽。」如此能使閱讀者對情況有更具體的理解。

撰寫自傳時，**少用形容詞、多講事實，題眼在「為什麼」。當描述自己是怎樣的人時，要講清楚「為什麼你會這樣認為」，結構應為「因為我做過什麼，所以我是怎樣的人，因此我適合這份工作」。**

### 重點6：應徵幾份工作，就該有幾種不同的履歷

這時候就有人想問：你說要針對職務內容來論述自己，這樣我投一百種工作，不就要寫一百份履歷？完全沒錯！投給一項職缺，就要一份相應的履歷、自傳。**請記住，沒有通用的自傳這種事，通用版、泛泛而論的自傳，並不會產生加分作用。**如果在文中能夠很明確地說出自己就是想從事某種職位，那才是「搞清楚狀況」的人。

企業最怕應試者搞不清楚狀況、不知道自己要什麼，入職不久發現不是自己想要的便跑了。如此，對企業與個人來說都是一種耗損。所以在投履歷前，請先初步分析自己，到底想做什麼、適合做什麼，並針對該職務撰寫自

傳論證、行銷自己。

一般的公司架構可以略分為「產（品）、銷（售）、人（資）、（開）發、財（務）」，如果今天你一個新鮮人，同時投了財務、人資、行銷這幾個領域跨度比較大的職缺，反而會給人一種不知道自己要什麼的感覺。切忌用同一份自傳打天下，亂槍打鳥的行為，人資一定看得出來。

## 重點7：別等到畢業前或退伍後，才開始了解就業市場

最後，寫給還在就學中的你。其實找工作這件事情，不該是畢業前或退伍後才開始。大一時就應該開始上人力銀行網站看工作職缺，關注自己欣賞的公司、有興趣的產業會開出什麼樣的職缺。而在職務描述中，這些職缺又需要怎樣的條件，然後用大學期間讓自己能滿足條件。

假設你喜愛的工作，需要能說一口流利的英語，那就該於在學期間加強語言能力，這也是學校的存在價值之一。而非等到開始找工作後，才因為能力限制，而屈就於自己沒那麼喜歡的工作。

THINK ABOUT：

1 如果你在大一、大二時，就意識到就業市場的供需情況，便能提早準備，在學期間參與各種活動或經歷，讓自己成為最符合的人選。

2 千萬不要到了畢業時才發現，回首大學生活一片空白，除了一張畢業證書外，再沒有其他能證明自己的東西。

# 13 打造讓人眼睛一亮的最強履歷。

> 你的未來如何，
> 將根基於你今日的一切所為。
>
> ——甘地，印度國父

許多年輕人會問，該如何找到理想工作，如果已經有很喜歡的公司或職位，怎樣才能讓自己雀屏中選？這個問題其實很簡單，**就是別把自己當成求職者，而是把自己當成業務，只是販賣的產品是什麼呢？就是你自己。**

有些人很老實，投了履歷之後，沒收到回音就氣餒了。在這裡告訴大家內幕，其實在104等求職網站上，人資們有很大一部分是在主動搜尋人才，接著才會看應徵者。搜尋人才的時候會怎麼搜呢？用關鍵字，把相應職務的關鍵字搭配一些搜尋的條件，作為篩選基礎來尋找人才。

所以，你在撰寫經歷的時候，要試著把跟職務相關的關鍵字嵌入履歷中。至於關鍵字是什麼？就可以從職務說明書中找到，在招募頁面上會清楚標示這個職位需要怎樣背景與經歷的人選，試著把這些關鍵字塞進自己的履歷，因為人資在看履歷時，都是快速掃過以尋找關鍵字，確認這是否是自己要找的人。

另一點讓招募專員對你印象深刻的方法，就是在面試機會之外，勇敢的自我介紹。我在鴻海工作時，負責過中國大陸的校園招募。一次曾到華北某著名頂尖大學，正在準備布置場地的時候，距離說明會開始還有一小時，有位同學不只提前到場，更主動與工作人員攀談。

他分享到自己從小就熱愛手機，會念這個科系也是因為想成為手機研發工程師，然後細數了我們公司許多作品，展現出強烈的意願。面試結束，大多數的同學都離開回去了，只有他留到最後，繼續跟面試主管及工作團隊聊天，還主動加了微信以便後續聯絡。

後來，他也常常關心招募情況，三、兩天就主動詢問目前的情況如何。其實，一開始因為沒有適合他的相應職位，他是沒有錄取的；但面對這樣積極的小夥伴，我也將實際狀況告訴招募的主管，他知道後相當欣賞這位年輕人，因此與幾個用人單位的主管分別打了電話，最後這位積極的同學，全靠自己的不離不棄贏得機會。

由此可以看出，如果你想要出眾，那就要讓自己在眾多競爭者之中，給主管留下深刻印象。**即便是看似園遊會走馬看花的校園徵才博覽會，都不要放過與現場招募專員建立連結的機會。**不要像逛街般，到每個攤位時才詢問對方公司做什麼？招什麼職位？這樣對方也頂多把你當路人對待，而是要預先做好功課，因為機會只給準備好的人。

## 主動出擊就能創造無限機會

進入會場就像個專家一樣，單刀直入地說明自己對公司的喜愛、對公司的了解，以及希望未來可以從事的職缺。甚至主動跟在場的主管交換名片（對，你是學生也可以作名片），回去後也別忘了寫信致意。主動出擊會讓你的印象分數爆表，在這樣積極的情況下，若不錄取你，心裡都有罪惡感。

但假設你已經畢業了，也不好去徵才博覽會呢？那就回到最前面所說的，把自己當成業務推銷自己，而不是求職者。試想業務會怎麼做呢？他們會設法接觸到有決策權的人。其實很多開在104人力銀行的職缺，不見得真的在招人，尤其許多大公司都是如此，很可能已經找到或忘記關了。

此時就算投了也是白投，可能好幾個工作都是像這樣的掛機職缺。這時你可以試著直接寄紙本履歷去該公司，甚至先打聽好公司內的事業單位結構，直接寄給用人單位主管。一般在收到紙本履歷時，不同於網路上以幾秒快速掃過，大多會較仔細地端詳。

而且你不只是要寄自己的履歷，再教大家一個絕招，附上一封手寫的Cover Letter，訴說你多想進這家公司、具備怎樣的專業技能可以幫助這家公司成長、若有幸進入公司後你的職涯規劃是什麼。**在這個實體手寫信件猶如活化石的年代，這封信可以讓你成為辦公室討論的焦點。而且，你的履歷必須「客製化」，上面要有公司的Logo，代表你對待這家公司猶如自身天命一般。**

透過他人引介，也不失為一個好方法。一般企業大多更喜歡內部推薦，因為這樣更能確保新進員工的水準。所以你不妨試著了解系上或者同校，有沒有學長姊任職於該公司，透過校友中心或直接網路聯繫，看在是學弟妹的分上，多數人都願意出來聊聊。這時候你也可以從中更了解這家公司，並試著請學長姊幫你引介。

但這些手法都根基於一件事，就是你有很明確的目標職位及目標公司。首先確定目標，才能採用前面所提的方案。而這個目標至少要聚焦到產業、職位別，以及公司。你必須對自己想要應徵的公司有十足了解，他們的競爭對手有誰、商業模式與全球的布局為何？針對這些有了一番了解，你再像個業務般開始構思銷售計畫（準備把自己銷售出去）。這樣一來，即便該公司可能根本沒職缺，但在看到你的熱誠後，為你設立一個相應的職缺也不無可能。

我有個朋友大衛，他就是靠一己之力創造出實習工作。大衛在大學時期，就對東南亞市場很感興趣，一直很想去泰國實習，可惜那時候台灣還沒有太多與南向國家的產學合作。大衛本來就是一個積極的人，他是那種每次老師講完課，都會帶著問題去請教的人。有次他聽到某位業界講師，分享自己朋友在泰國投資一間公司的事情，下課後，他立刻主動去跟老師說明自己對泰國的興趣，並介紹自己的背景。回去後，寫信拜託老師詢問是否有泰國實習的機會。

老師看見了他的積極，於是特別幫他安排泰國的實習機會，而這樣的機會完全是透過積極所創造出來的。即便你喜歡的公司在人力銀行上沒有開出適合你的職缺，但也別怕，勇敢把履歷寄出去，人資從不怕人家給履歷，就怕收到太少。不妨你也來試試看吧！

THINK ABOUT：

1 試著學習行銷自己，主動與積極是尋找理想工作的必備條件。

2 不要害怕挑戰，機會是留給做好準備與不怕失敗的人。

# 14 擊敗競爭對手的七大面試提問法。

要根據一個人的發問來判斷這個人，而不要根據他的答覆來判斷他。

——伏爾泰，法國文學家

面試是求職必經的過程，也可以說是決勝的關鍵，一個擁有精采履歷的人，也可能因為面試時緊張、口齒不清，而被刷下候選名單；同樣的，原本一個普通的面試者，也可能因為令人驚豔的對答表現，而在面試中脫穎而出，最後雀屏中選。

面試有一個環節，一般文章甚少提到，那就是到了面試最後，面試官通常會問：「現在，你有沒有什麼問題要問我們？」作為總結。許多剛畢業的新鮮人，會老老實實地回答：「沒有，謝謝。」而錯失良機。事實上，這個環節正是可以在面試過程中，扭轉形象的加分題。

一般的面試者，大概只會問「可能的待遇」及「入職後的培訓與升遷機會」，這些問題都很容易被面試官四兩撥千金的打發掉。如果問對問題，除了可以讓自己的專業感提升之外，還可能因此更加了解公司，甚至翻轉面試官對你的整體印象。

接著，列舉七個大家可以問的實用問題：

## 一、「請問這個職缺是怎麼產生的？」

這個問題的答案有兩個可能的發展：一個是因組織擴張而產生的職缺，另一個則是原來任職人員離職。不論面試官回答哪個原因，你都可以繼續深入發問。

若是基於組織擴張，那是由於公司業績很好嗎？還是準備發展新事業？若是因為職員離職，可以進一步詢問這個職員做了多久、離職原因是什麼。從這些問題中，可以進一步知道公司的情況，或許還會得到意想不到的答案。例如：「因為組織不斷縮減，原本的同事覺得發展不好就先提離職了。這個職位可能只會存在兩年。」

**千萬不要以為面試官不會講這種實話。很多面試官會坦誠以對，畢竟應聘者進入公司後也會知道情況，不如先讓你知道真相，而不是以花言巧語把你騙進來後再說。**

## 二、「您喜歡這家公司嗎？為什麼？」

面試的過程中，最重要的是交互溝通的過程——不只你被主管面試，同時你也在面試主管。面試過程中要盡可能了解用人主管的情況，畢竟未來要與其共事，如果跟到一個每天哀怨的臭老頭，那麼，就算公司福利環境再好，你未來的職涯也不會太愉快。

這個問題通常會得到正面回應，畢竟很少人會讓家醜外揚。不過，從神態也能觀察出一二，如果面試主管愣了一下，開始思考該怎麼回應時，那就可以合理懷疑這家公司也沒有讓他多開心。如果他眉開眼笑，細數在工作的成就，分享自己在組織這幾年的成長，那你就可以放心了。

### 三、「貴公司目前在業界的情況、主要競爭對手，就我的理解是否正確？」

嚴格來說，這個問題不是一個真正的問題，而是藉由問題包裝的一種「知識展現」。這個問題的背後代表著你對這家公司有基本的了解，研究過它在業界的表現，也知道其競爭對手。如果你能分析到位，往往能在最後階段讓面試主管眼睛一亮。

同時，就算你搞錯了也沒關係，因為面試主管也會告訴你實際的情況。

即便最後沒有錄取這個職缺，也可以透過這個機會，直接跟業界人士交流，能有助於你更深入了解並累積知識，往後若想找同樣產業的工作時，也會有很大幫助。

不過如果面試過程中，面試官已經問到：「知道我們公司在幹嘛嗎？」那時候就要回答這段預先準備好的內容。

## 四、「您認為貴公司在業界中，最大的競爭優勢是什麼？」

這個問題表面上是想了解公司的情況，但其實是非常巧妙的一個主客場對換話術，讓面試的情境轉換，變成好像是你在「面試」這家公司。當講出這個問題時，面試官會下意識地認為你在評估公司的情況，以作為選擇的依據。也就是說，你可能握有其他同業的Offer。

面試官可能因此而改變為推銷自己的公司，在這個問題的答案中，一般也會提到該公司競爭對手的情況。這個問題可以和第三個問題組成一個連擊，打得面試官措手不及，進而探知公司或用人單位的虛實。

**五、「您認為這個職缺需要的核心能力是什麼？應該具備什麼特質？」**

雖然這個問題彷彿是多問的，因為在職缺說明上通常會載明每項工作需要的技能，而且在面試過程中，面試主管通常也會簡單提及工作內容；但是**這個問題能展現你對這份工作的積極性。而主管回應的「核心能力」，也能說明他對部屬的態度與管理的價值觀。**

例如，他若是回答「肯吃苦耐操」，那你就大概能想像未來工作的環境了；另一方面，如果他回答的「必備核心能力」剛好是你很有把握的，那就可以趁機再進一步推銷自己、舉幾個例子，說明自己適任的理由。

**六、「如果我最後沒能進入貴公司，最大的因素是什麼？您認為我哪方面需要再加強？」**

這個問題非常實用，幾乎沒有應聘者會問這個問題；一旦問出這個問題，便會瞬間樹立起非常好的形象。為什麼？

首先，讓人感覺謙虛、願意學習改進，是一個十分虛懷若谷的年輕人；其次，是你展現出真心想要進入該公司的態度。這個問題不僅能讓你的形象加分，也能透過面試主管的角度給你具體建議，十分受用。而面試主管在回答時，過程中的神態跟措辭，也可以讓你知道自己有幾成把握取得Offer。面試主管給的建議能讓你看到自己之前沒留意到的小缺失，對你未來的其他面試也有幫助。

或許是因為自己的態度過於畏縮或驕傲，而不適合這個職缺；又或者其實是因為學經歷不符。通常面試主管不會吝嗇講出具體的建議，問了才知道自己最後獲選或沒錄取的原因。

## 七、「詢問姓名、職稱與聯絡方式」

如果你在面試最後還不知道答案的話，「請問主管您怎麼稱呼？」很適合當成最後一個問題，因為很多主管在面試過程中並不會自我介紹。問出姓名及職稱後，再很誠摯地說：「某某經理，今天謝謝您花時間與我面試，讓我學到很多，很希望日後有機會加入公司。」稱呼對方的名字，能增加彼此的親切感，這是一種心理戰術。

另外，別忘了詢問聯絡方式（若對方沒有提供名片的話），且千萬不要害怕被拒絕。面試主管都是有歷練的，沒事不會打槍你，若打槍你，大概也知道沒機會了。要到連絡信箱以後，回到家裡，一定要寫封信感謝面試主管及人資，並且再次自我推銷、強調自己加入公司的意向。如此積極主動的行為，一定會讓面試主管留下深刻印象。有些「心地善良」的，甚至沒錄取你，也會幫你介紹其他職缺。

從這些問題對答之中，你要仔細觀察面試官的神態，如果他一副很趕時間、不想多聊的樣子，那不用問完這七題，也知道希望不大；但如果他話匣子一開，跟你談得不亦樂乎，那麼恭喜你，成功另闢戰場！

總之，善用溝通技巧，將能開啟意想不到的機會之門。

# 15 策略思考讓你機智、巧妙地談薪水。

有價值的東西，只有對懂得的人才有意義。

——普勞圖斯，古羅馬劇作家

我一路的職涯歷程都是人力資源領域，雖然做為人力資源經理，要負責人資所有面向的工作，但我最初接觸的領域，與招募和訓練有關。這也讓面試成為我工作很重要的一部分。

在談判薪酬上，我傾向跟面試者開放性的討論，希望他開宗明義地提出自己的期望待遇。但在我遇過的許多新進職場的社會新鮮人面試者，在薪酬談判這個議題上，很少有人能回答得令我眼睛為之一亮。大多是回答「依公司規定」，或者丟了一個數字，卻不能很清楚地說明為什麼自己價值這樣的數字，最多也只是單純表達就是期望而已。

許多年輕的求職者，會覺得自己作為就業市場的被動方，沒有什麼籌碼談論薪酬待遇，這其實是很值得調整的思維。即便你是應屆畢業，也都有機會針對自己的任用薪資進行談判。但一定要做好功課，不然就會鬧笑話。你可以開出任何數字，只要能說明「為什麼」，然後證明你有這個價值。

但我曾聽過各種讓人哭笑不得的理由，有人回答因為自己住外面，要付房租所以希望薪資高一點；或者相信自己認真肯學，所以值得這個價錢。到底什麼才是好的談判策略呢？以下跟大家分享幾點談判薪酬的技巧。

## 重點1：知道市場行情

許多年輕求職者之所以會不敢談薪水，或者談出無法說服人的價碼，都是因為不知道市場行情。所以，你要先知道在整體就業市場中，自己所處的地域及該職務的平均待遇值。了解大略行情後，開始盤點自己有沒有特殊的專業技能，若剛好有公司需要的，這樣你就有可以增加談判的籌碼。

例如你要應徵的職務，其職務說明書並沒有寫到平面設計能力，但你了解到剛好公司也需要這樣的技能，如果你能使用Photoshop、Illustrator這些軟體到一定水準，且能夠同時支援這樣的任務，就可以成為加值的條件。**如果自己的技能具備一定的稀有性，或者本身就是市場的稀缺人才，這樣即便是應屆畢業生，也可以掌握薪資談判的主導權。**因為若你拒絕了，很難再找到下一個人選的話，公司就會願意用更有競爭性的價錢爭取你。

了解市場行情的另一個方式，就是多面談幾家。所以即便沒有要立即找工作，104、Linkedin等平台都應該維持開著，以了解自己在就業市場的價值，大家願意用多少價錢任用你。若手中握有其他Offer，也會讓自己更有談判籌碼。

而要知道公司行情最簡單的方法，**可以在面試階段直接問這個職位的薪水區間大概是多少。問區間的好處是，這樣的帶狀範圍會讓招募專員比起被要求直接講一個確切數字，更願意透露。**

## 重點2：不要先談數字

其實薪酬談判的策略，最好的方式是不要先說自己的期望待遇，而讓公司先開出價碼。因為先開出價錢會形成「定錨」的效應。**也就是你開出的價錢或許會成為「上限」，招募專員可能會根據你開出的價碼開始進行向下減價的談判策略。**

如果招聘專員要求先了解你的期望，你可以試著用「想更了解工作內容」的方式迴避掉。同時也可以試著直接詢問公司，在招聘這個職位的預算大概是多少。當對方先開價時，會比較準確客觀，因為怕開低了讓你覺得備感羞辱而拒絕，而開高了自己又吃虧。

若遇到這樣的情況，你也應該給自己一個底線，就是最少能接受的價碼。如果對方開的價錢遠低於期望，基本上等於雙方認知差距太大，可以直接表明態度，但不要直接說NO，而是委婉說不符合期望。

而如果招募專員不願意透露公司能提供的薪資，而堅持要你先開，那麼，你可以提出一個較精確的回覆。例如月薪45,000元，或扣掉伙食等津貼及勞健保後實拿約43,000元；年薪至少保障13個月等。這樣一來，對方就會知道你其實已經做了很完整的思考及研究。

## 重點3：聚焦未來的價值

許多人在談判薪酬時，都會以上一份工作為標準，我也聽過直接說出「因為換工作，所以希望比之前薪資提高至少10%。」或許這樣的說法在面對獵頭，或者其他主動來挖角你的公司時可用，但如果換作是其他職涯轉換情境中，這樣的應答就要再三斟酌了。

遇到這樣的狀況，我一般會反問：「你如何判斷及評估前一家公司有沒有高估或低估你？」或者「你進來我們公司，做的工作跟前一份工作一樣嗎？如果是同樣的工作內容及產出，為什麼薪資就要高出10%？如果不一樣，你覺得這10％又是如何衡量的？」

所以在談薪資時，應該**要聚焦在未來進入公司後將如何創造價值。任職以後，可以透過哪些工具及方法，解決當前公司的問題；自己希望往哪個領域發展及鑽研，你對於未來的職涯規劃又是如何，以這些作為基礎談判薪酬**。至於過去的表現，在面談階段，招聘專員與面試主管應當已經了解了，而企業便會參考你之前的薪酬給出任職待遇。

## 重點4：關注整體組合

我發現不少人在薪酬談判上，很容易過度關注基本月薪，但其實有點可惜。因為許多公司的獎勵制度是很多元的，你應該不只是關注每個月可以拿到多少，其他各類津貼（通訊、交通）、獎金、股票、年終等，也是可以談判的。

不一定要糾結在基本月薪，而是在其他的薪酬組合中，提出可能的方案。例如，保障第一年的年收多少，額外部分則用季獎金等其他方式給予；

第二年再根據實際表現，看看是否能併入本薪或做其他處置。

也或者，可以試著以期約獎金方案。例如，入職後達到設定的哪些目標，給予一定的獎金或補助。一般來說，相較於基本月薪，像這樣與實際表現掛勾的附加彈性方案，會讓雇主更願意接受。

也可以透過對談的過程，詢問公司近兩年的激勵方案。例如，非主管職股票配給的平均為多少？整體員工調薪的情況如何？這些也能讓我們從中了解及診斷公司的體質。

### 重點5：從問題了解對方

求職面談其實是一個互相選擇的過程，不只是公司在選你，你也在選公司。所以，了解對方底細是很重要的，所謂知己知彼，百戰百勝。**你不妨問問招募專員或用人單位主管，對於這份職位候選人在能力或背景需求的優先順序是什麼？**

而建立信任的第一步，就是誠摯地交換彼此想法。分享你在找工作時注重的點，是薪酬待遇、地點、職涯前景，還是企業文化。當你談完自己對工作的想法，相信對方也會很樂意跟你聊聊對這份職務人選的看法。這些訊息可以讓你更加了解雙方的主、被動情況，進而增加在薪資談判上的籌碼。

## 重點6：不要馬上說好

一般來說，核薪並不會在初次面談的過程中直接總結。很多時候是透過網路郵件或通知電話，也有可能在第二次的面談中提到。不論如何，**當公司開出了任職薪資後，不管你是否接受，都建議給自己一段思考時間。**

「請讓我回去思考一下。」、「請讓我與家人討論後再回覆。」這樣的回應並沒有不妥，即便對方開出的條件高於你的預期也不要見獵心喜的一口答應。因為在這個過程中，對方的態度仍然可以讓你獲得更多訊息。

以上是在薪酬談判時，可以多方運用的技巧。千萬不要覺得自己年輕，就沒有本錢談判薪水，只要握有策略及方法，加上相應的能力，談到理想薪資並不是一件難事。

# 16 別讓過去限制了你的未來。

如果我們等待其他人或時間，改變不會來臨。自己就是我們在等待的人，就是我們在尋找的改變。

——巴拉克．歐巴馬，美國前總統

可能有人想問，以上內容都很不錯，但我已經畢業多年了，該怎麼做好呢？別擔心，我們先將邏輯順好，人生就是一個很簡單的概念，兩點一線的問題而已。兩點就是「起點」跟「終點」，一線就是路徑。這個起點是你

「當前的狀況」，而終點就是你「理想的狀態」，從起點想辦法走到終點，便是實踐目標及夢想的過程。

即便大學你可能已經不小心便一恍神就度過了，這也不代表走不到理想的目標。就好像前面所說的，科系跟你的前途沒有直接關係，而是你的胸懷決定了未來的可能。關鍵是**「缺什麼，就補什麼」，沒有人生下來就擁有「技能」，所有技能都是靠後天學習的。**

我有幾個朋友他們便有著類似的故事。我的大學好友祥祥，在大學剛畢業時，因為體重過重而不用當兵，於是便直接開始找工作。然而大學四年期間，祥祥並沒有特殊的表現，既沒有參加社團、也沒有任何實習經歷，除了參加過幾個系隊之外，多數時候就只是與電腦為伍。

想當然爾，他的求職路並不順利。投了幾份履歷都被拒絕，他甚至去應徵了保全人員，結果肥宅外貌的他，連保全工作也被打槍。當時的祥祥開始懷疑人生，絕望到不相信自己的未來有任何可能性。在那個當下，他的確沒有找到好工作的本錢，既沒有特殊技能也沒有特殊經歷，沒有任何推薦人，在校成績也普普。可以說，他的大學幾乎荒廢掉了。

難道這樣人生便就此毀了嗎？當然不會，因為你的過去並不能成為限制你未來的阻礙，只有心態跟想法才是。

屢屢遭到拒絕後，祥祥開始思考，到底為什麼自己在求職路上會到處碰壁。最後他想到，原來是自己沒有任何「專業技能」，也沒有任何優勢。沒有怎麼辦？那就自己創造吧。他知道資策會有辦理相關的App培訓課程，花了二十萬去上了半年。結業後，順利找到一個App設計工程師的工作，薪水也超過平均值。就此魯蛇大翻身，從文組肥宅變成新貴工程師。要是當初有任何一家公司接受了他，給他一份工作，他可能會選擇屈就，也沒有想到讓自己更進步。正是因為連應徵保全都被拒絕，才讓他置之死地而後生。

這並不是特例。我曾在一場新書發表會認識了讀者阿傑，跟我同年的他也是歷史系畢業，現在則是一位工程師，同樣是畢業後再繼續進修取得相關技能。在做了三、四年的工程師後，現在的他，正開始準備轉職到業務相關領域。

從這些例子中，我們可以看出念什麼科系與你的前途其實是兩回事。千萬不要妄自菲薄，唯一能限制你的只有自己而已。**而能引導你方向的，則是你的興趣與熱情。**

## 不要害怕讀錯科系，但要找出屬於你的熱情

你認為「五專電子科畢業」這樣的學歷，大概會有怎樣的職涯前景呢？最標準的或許就是電子工程師，而且還是比較第一線的那種。

但如果我告訴你，有位工程師後來成為了媒體主編、企業顧問、電商專家，你或許會深感意外，這幾個職稱聽起來都有些距離，不但專業所需的科系背景不同，就連工作內容也差了十萬八千里。但這些卻是同一個人的經歷

——他是台灣知名的文案寫作者、企業講師Vista。

在台北長大的Vista，從小就是一個喜歡文學和閱讀的孩子。當年他在準備升學考試時，台灣正走向電子製造業轉型的高峰。伴隨新竹科學園區成立，「科技新貴」這個名稱漸漸深入民心，許多家長期待自己的孩子可以念電子相關科系，未來好投身科技產業，以獲得更好的發展和收入。

於是，Vista以榜首身分考進電子科。畢業後，他順理成章地成為一名電子工程師，每天埋首在電子元件的世界中，從組裝、焊接到設計電路。Vista做起事來特別機伶，偶然一次的機會，被總經理發現而拔擢成為特助，從此展開眼界，接觸了這個行業的其他面向，包括行銷、宣傳、品牌經營等。

工作幾年之後，Vista因為嚮往大學生活，又再度回到校園，考進世新大學資訊管理學系。作為傳播名校，在這樣的環境薰陶下，他開始對媒體產生興趣。大學畢業後，搭上當時網際網路的浪潮，「.com」風起雲湧，他進入了當年台灣第一代的搜尋引擎「Openfind」擔任製作人，打開了網路服務的第一扇門。雖然身處科技產業，但他並沒有忘記從小培養的閱讀及寫作愛好，他延續學生時代寫詩的嗜好，還開始寫起小說，甚至在成功大學材料系所經營的「貓咪樂園BBS站」擔任站長。這是台灣最早的文學網站之一，可說是台灣網路文學的搖籃。

之後，Vista轉職進入當時台灣第二大的入口網站——「蕃薯藤」，雖然仍在網路產業，但他也慢慢接觸到自己特別喜歡的「內容」領域。他負責營運「Yam Blog 樂多日誌」部落格平台，當時正是部落格起飛的Web 2.0時代，整個華文世界興起了第一批網路專業性文章的寫作熱潮。

因為經營部落格與撰寫專欄的緣故，讓許多人開始認識他，也因而取得進入媒體工作的門票。就這樣，他從原本不太喜歡的電子工程師身分，轉入了自己有興趣的媒體行業。把自己的網路科技背景，結合報社、雜誌社、電視公司等媒體而累積了大量豐富的經驗。之後，Vista進入《數位時代》雜誌擔任主編。他從來沒想到，自己過去熱愛的文字，最終能轉化為謀生工具與專業。

進入此階段的Vista，已經不再只是一個懂程式或電子技術的工程師了，待過媒體也懂得公關操作，更在數位行銷跟電子商務等範疇都有豐富的經驗。這時他開始思考，該如何讓自己這些跨界的技能，更有效的賦予他人？他發現業界有許多迫切的需求，倘若能夠透過顧問、諮詢與授課的方式，更有效地把自己多年經驗分享給業界朋友，就能進而創造價值。因此，他開始在風傳媒擔任顧問，後來也陸陸續續有許多出版業者、紡織業、甚至室內設計產業與他合作，藉此協助發展虛實整合的數位轉型。

從Vista的故事，我們知道與其害怕讀錯專業，更應專注於思考「自己真正喜歡什麼」及「自己的強項、優缺點又是什麼？」倘若能夠找到自己喜歡的事物，就會有源源不絕的熱情。這時，就能用熱情將興趣轉變成專業，進而創造出屬於自己的舞台。**人生並不會被學校的分數、科系或者出身背景所限制，只要認真且確實地付諸行動，你也能用興趣引導出屬於自己的職涯！**

# 17 讓工作自己來找你。

> 別等到大環境好轉再開始行動；行動才是讓環境變好的原因。
>
> ——《心靈雞湯》作者艾倫．科恩

前面談了許多如何找工作的方式，當中有一個很有趣的事實是，那就是最好的工作往往不會讓你輕易在人力銀行上找到。

**一般來說，一個重要的職缺，組織在尋覓人才時，首先會希望透過內部**

**推薦，也就是讓員工或者關係人，透過自身人脈去觸及人才。**這樣做有幾個好處，第一是因為早就認識，所以對其背景與經歷有相當的認識。第二是彼此原先就了解，那在工作磨合上會更加快速。

也就是說，一個真正好的人才，往往是工作主動找上門，而不是自己去找工作。在這裡要分享一個故事，是關於微軟社群經理林子琦的經歷。能夠成為微軟社群經理，並不是她主動去投遞人力銀行的職缺，相反的，她是被邀請進入微軟，而就職時她還未滿三十歲。這是如何做到的？

喜歡數理的子琦，大學報考了中央大學大氣系的太空組（現獨立為太空系），這是一個全台灣只有三所學校設立的超級冷門科系。當時子琦完全是因為興趣而選擇了大氣系，除了大氣系之外，她也曾想過去念室內設計或建築系，但處女座的她，高中時做筆記就會自我要求格線必須對齊，想到未來如果走建築相關，可能光是畫稿紙就會被自己的強迫症給逼瘋，就放下這個打算。

雖然喜歡理工，但子琦並不喜歡寫程式這件事情，她更喜歡的是科學。而大氣系從大二起就要開始學寫程式、收集數據跑模擬分析，讓她發現這個科系其實也不是她的最愛。然而，在大學時期熱衷於辦活動的子琦，也開始逐漸找到自己的方向。

大三時，她決定不像多數同學一樣繼續升學考研究所，而是選擇就職。爸媽雖然覺得很可惜，卻也尊重她的決定。思考自己一路以來都喜歡與人互動的性格，便選擇進入了整合行銷公司。

一開始她也是領著二萬多的薪水，然而，樂在活動的她卻學習到了許多扎實的基本功。從音樂祭、公部門的培訓計畫、園遊會等，子琦在菜鳥時就接觸到許多不同類型的活動。後來，她轉職進入公關公司，接觸了許多知名品牌，期間也辦過萬人路跑的活動。這些高強度的工作經驗，都讓她快速成長。她也從原本過去只能聽指令執行的基層，逐漸走向可以透過創意發想，真正獨當一面創造價值的專業人才。

在行銷及公關界走跳幾年後，子琦進入104人力銀行的新產品部門，開始做起過去不曾接觸的線上社群經營。過去看似很跳Tone的職涯經歷，這時開始匯流成為她的優勢。理工科系出身、學過程式語言的她，發現自己過去不喜歡的課程內容，卻成為能與其他工程師溝通的優勢，讓自己成為與眾不同的行銷夥伴。而從高中、大學期間自學的剪輯影片、設計排版，也成為她在職場上加分的優勢之一。相較於需要透過代理商合作完成企劃的行銷人員，子琦的「多功能」讓她成為深獲主管認可的T型人才。

後來，在朋友的建議下，子琦開始經營個人品牌，在臉書上開直播分享經驗及寫下參與活動的心得，讓自己因工作而產生價值的事物，為他人帶來正面影響。二〇一八年，子琦因參與許多行銷相關社群，開始參與社群的經營，下班後的她往往是朝活動現場奔去，舉辦一個又一個活動，也認識了許多業界的好友們。

問起她繁忙工作之餘又這樣經常跑社群活動，不會感到疲憊嗎？子琦微笑著說：「我覺得自己**在辦活動、參與活動跟幫助他人中，累積了許多『陰**

**德值』，對他人的付出看似好像自己吃虧，但有一天都會迴向給自己，最後成為自己在職涯上的助力。」**

果然因這幾年在社群圈累計的名聲，讓她獲得了微軟的主動邀請，成為台灣微軟社群經理，經營微軟的「工作生活家」社群。工作生活家是一個幫助新世代工作者找到工作與生活平衡，以「我的工作就是好好生活」為核心價值的社群。

從數理資優班出身的理工女孩，到行銷公關公司的基層，一路透過利他而建立自己的個人品牌，因而獲邀成為微軟的社群經理，子琦笑說自己應該是少數英文不好卻能進微軟的人，而這一切其實都可以歸功於「真誠待人」。

她建議年輕的你，一定要重視「人脈的經營」，她自己每一段職涯都留下許多朋友，並且與每一段工作的主管都維持很好的關係。**從大學開始，透過玩社團、辦活動，結識到許多真心有革命情感的戰友，這些人或許都將成**

為自己人生的貴人。

THINK ABOUT：

1 最好的工作職缺通常是不公開的，就算花了很多時間與心力搜尋，最後往往還是徒勞無功。吸引最好的工作主動來找到你，才是得到它最好的方式。

2 可以嘗試經營你的個人品牌，擁有完整 LinkedIn 與 Facebook 檔案，主動經營社群網路，分享自己的專業觀點，讓其他人知道你的存在。

# Career planning

# Chapter 4

# 工作中，如何創造極大化的個人價值

全方位提升自己的軟實力，
有效溝通、專業人脈、知識量攝取，
缺一不可

# 18 企業人生三部曲：人材、人才、人財。

> 可不可能，不是問題，而是行動。
>
> ——郭台銘，鴻海集團創辦人

我在經濟部國企班畢業後，進入了鴻海科技集團，作為全球第一大的電子製造企業，鴻海有很深刻而鮮明的企業文化。走在鴻海的廠區裡，到處都可以看得到創辦人郭台銘先生的語錄。大多聚焦在企業管理以及企業文化精神上。

有件事至今讓我印象仍然很深刻。我們在進入集團後，有專門為儲備幹部設立的新幹班，其集訓課程之中有一堂課，是郭總裁語錄的解析。在數百條語錄中，有一個看得我丈二金剛摸不著頭緒。

這句話是：「企業人生三部曲：人材，人才，人財」

這三個「ㄘㄞˊ」讓我想到著名語言學家趙元任寫的〈施氏食獅史〉一文，感覺很有趣味跟深遠的內涵，然而當時的我卻看不懂。一開始，我不了解這三者的關係，直到後來才慢慢體悟這三個「ㄘㄞˊ」的不同。

簡單的說，在鴻海的企業文化認知中，人「材」，是指仍是一個材料，或許有各種可能，但需要打磨跟歷練後才能嶄露頭角。而人「才」則是打磨過後，已經展現出才華，經過一定磨練後的人材。最後的「人財」，則是能為公司帶來直接的獲利，具備工作上的影響力及獨特性，這樣的人才所創造的綜合效益很高，對公司來說簡直就是財寶一樣。想當然爾，人財是所有企業積極爭取也保護的資產，因為這是公司創造價值的原動力。

多數的年輕人或許現階段還處在「人材」邁向「人才」的階段，正要從一個剛出土的原石打磨成璀璨的寶石。如何能在主管及同事眼中，從一個「新人材料」進化蛻變成「有才能者」，最後更進一步成為公司最重視的「財寶」呢？

## 「離職成本」反映出你對公司有多重要

其實這可以用一個很簡單的概念去思考，那就是「離職成本」。簡單的說，意即一個人員的離職，可能給公司帶來多大的負面效益。

如果一個人離職後，他的工作可以很快給其他新進人員替補，那我們就可以說他的離職成本很低；但假設這個人離職後，公司許多業務面因此而面臨重大危機，甚至影響到員工士氣，即代表整體的離職成本非常高。那麼，企業便會花更高的代價來挽留離職成本高的人。

用離職成本的思維，思考自身在組織內的價值，是一個不錯的方向。我們可以從幾個層面，探討如何提升在組織的價值，加速自己從人材到人財的速度。

## 一、從經營管理階層的角度出發

試想主管在拔擢人才時，會用怎樣的維度思考？會提升怎樣的部屬？**當然是能幫忙解決問題，讓自己在管理上可以省心省力的人。**所以想要成為創造價值的人財，就必須跳脫自身工作內容的角度思考，從一個全局的觀點來看組織當前面臨的問題是什麼？以及如何可以在自己的崗位上，做出改變帶來影響。

而最快了解這些局勢，獲取訊息的方法，就是跟你的主管一對一的對談，了解他對你的期望，同時也詢問當前組織及部門所遇到的挑戰是什麼？了解情況後，開始思考問題發生的脈絡與原因，盤點現有的資源，進一步分析可能的解方。然後勇敢提出，給自己創造機遇。

除此之外，也要更深入了解整個產業的資訊，不要只專注在自己的領域上，不管你是做財務、採購、行政還是其他，都應該試著分析公司在整個世界局勢下的阻礙是什麼？**當前有那些流行的組織管理理論或工具可以應用，把自己當成一個領導階層思考，而不是基層的員工。**

這樣，你就能擁有更全面的視野，當主管在與你討論工作分配時，也不要只是單純的應和，而要適時地分享自己的觀察，提出具體且可行的方案。爭取「自己發明自己的工作」，這樣才能讓你更快被主管賞識。

## 二、承接有開創性及獨特性的任務

或許你不一定有這麼多機會能發明自己的工作，但你可以勇敢承接具開創性、獨特性的任務。不要傻傻的等待任務分配，而是試著積極爭取工作。但務必切記，這份工作不能只是單純地當爛好人，幫同事處理庶務性質的事情，因為那不僅不能體現你的價值，更可能會拖垮你的戰力。

當部門啟動了新的專案，或者沒有人想承接的麻煩事，但卻很具開創性，因為之前的人都沒有做過或成功，那麼，你不妨試著把這個挑戰一肩扛起，或者主動加入這個專案小組，尋求表現及可能的發展空間。如何判別任務是否具有開創性及獨特性很簡單，你可以運用下列幾個問題來思考：

· **這個任務是否在組織目前關注的領域？**
· **任務的後續影響會不會持續一段時間？**
· **完成這件事能不能讓他人因而認識你？**

如果以上幾個問題的答案在分析後都是Yes，你就可以嘗試看看，勇敢地自願接下這份挑戰。

## 三、用利他精神打造組織影響力

人類之所以可以發展出今天這樣主宰地球的龐大文明體系，很重要的一點，就是能「團結互助」。雖然蜜蜂、螞蟻等也有其組織結構，但都僅限於自己所處的環境，同物種但不同群體彼此之間仍難以合作。

因此，我們必須要認知到，人類作為社群動物，要能讓個體對另一個個體產生認同，最重要的就是創造出影響力。很多人認為影響力來自於職稱或者能力，但我認為影響力來自於是否能「對他人產生價值」。

**學會塑造「影響力」就是方法之一，透過主動幫助部門內外的同事，你就能獲得「能夠解決問題」的好名聲。**不論對上或對下，當你對他人「有用處」時，別人才會願意與你結成同盟，也就是說，只有我們擁有能夠幫助其他人的能力，才能創造價值和影響。

從以上幾點，我們可以試著透過創造價值與影響力，而讓自己的離職成本提高，這樣就有機會成為被拔擢的重點「人財」。你會發現這三點，**幾乎都與人有關。試著換位思考，以主管的思維來擺脫自我角度的侷限，培養全局觀，透過這樣的過程你將認識到，哪些任務是對組織真正有價值的開創性工作，同時在承接任務的過程，利用共好、共贏的心態來幫助他人。**

THINK ABOUT：

1 試著以主管的思維來判斷自己在組織內的價值，給自己的工作一些新的創意及挑戰。

2 主動幫助他人，讓主管事事省心、讓同事共同成長學習，贏得他人的尊重與信賴後，便能獲得許多訊息及情報，再將這些訊息及情報轉化為你的資源。

# 19 超過期待，就能創造出非凡價值。

”心胸有多大，舞台就有多大。

——郭台銘，鴻海集團創辦人“

常有讀者寫信問我，覺得自己進入職場之後，有「懷才不遇」的感覺，即便念了很棒的學校、一流的科系，結果在公司裡做的卻是很基層的工作。有種「龍落淺灘遭魚戲、虎落平陽被犬欺」的失落感。

我認為這種情況並不全然是壞事。如果你目前所處的情況是這份工作只需要60分的能力，而你卻擁有90分的實力，兩者之間的30分差距讓你有了懷才不遇的感覺，這是非常好的事。**因為這30分的差距，正是你可以帶給公司的價值，你必須想辦法讓團隊知道，你可以貢獻更多。**

在此分享我一位大學學妹巧婕的故事，她在大學念的是中文系，是個活潑的社團咖。剛畢業時，對自己的未來並沒有特殊想法，但天性樂觀的她，對每件事情都全力以赴。她先是錄取了某外商銀行的實習生，職務名稱為「數位大使」。這個工作很簡單，就是站在門口招呼進門的客人，教導客戶使用ATM或辦理線上銀行等業務。

這是一個很簡單的工作，就像一般銀行站在門口引導客戶抽號碼牌的警衛。一般人可能會覺得這份工作很無趣，因為沒辦法實際接觸到銀行的工作內容，不過是引導客人而已。但是非財經相關出身的巧婕，對什麼都很好奇，除了積極主動地向前輩請教之外，也很熱情地招呼每個人，主動與等待辦理服務的顧客聊天，大方的儀態加上每天都帶著笑容樂於工作的樣子，引起了主管的注意。

有次主管交代她安排活動，團隊下班後要去KTV唱歌，不限定去哪家，方便即可。這也是個簡單到不行的工作。一般人接到這樣的任務，大概就是上網搜尋「KTV」關鍵字，找到離公司距離最近的，直接打電話去訂位，然後回報主管。

但巧婕並沒有讓事情這麼簡單就結束。她找了方圓十公里內的所有KTV，並調查當天的各種優惠。接著用EXCEL做了一份比較表，詳列每一家的優缺點，包括距離、網路評價、附屬的餐點、優惠及總價等。主管看到這張表格時，相當驚訝，認識到小婕原來也是一個做事細心的人才。

**把簡單的事情，做到一個意料之外的高度，更能突顯創意及用心。**最後巧婕成為該年度唯一從實習生轉正職的人，那一年這家外商銀行共錄用了六十幾位像這樣的數位大使，而作為一個完全沒有相關背景的人，巧婕全憑100分的熱情及實力，把只需要60分的任務做好做全，因而能爭取到難得的機會。之後，巧婕更加倍努力學習，比別人更用功地考取了許多財金相關證照，以正式銀行員的身分開始服務客人。

過程中，她的細心體貼也讓顧客產生十足好感，業績不斷提升。進公司兩年後，她升任客戶關係經理，也因這份工作而開始累積了一些理財投資的知識。今年二十六歲的她，已經讓家中沒有經濟負擔，且更進一步地往財富自由的境界邁進，甚至買了自己的房子。

所以，如果你目前的工作任務很簡單的話，那真是一件好事！**把小事做到更高的境界，就能突顯你被看見的機會。**也不妨觀察看看，若公司內部有任何可以改善流程的地方，試著提出解決方案，舉手為自己發聲。

我剛任職時，一開始也跟一般新鮮人一樣，被交代了一些我不擅長、需要細心執行的瑣事，甚至因此而被認為是表現不好。後來在老闆的鼓勵下，試著自己提案，將我所看到的公司可以改進的項目列成清單，運用過去所學提出改善方案，化被動為主動，為自己創造任務、展現價值。後來的成果讓老闆覺得十分有趣，因而給我嘗試主導專案的機會，接連幾個案子都表現不錯，一年後，我被破例提拔到課級主管，開始領導團隊。

這兩個小故事都在傳達一個訊息，那就是我們可以用更高的格局跟視野，創造出自己的價值。巧婕後來跟我說，我在大學時說的一句話影響她很深。當時我是學生會的學長，在幹部培訓時，我告訴學弟妹：

「如果今天這個職位，由誰來做都是一樣的結果產出，也就等於有沒有我們都一樣。如果你不想自己等同於是個螺絲釘，**一定要想辦法創造價值、主動創新，為團隊帶來不同的結果，才不枉費這個機會。**」

這段話，間接帶給她很大的啟發，今天我也把這段話送給你。即便你現在做的事情可能很簡單、很無聊，但並不代表你就只能做這些。相反的，90分的你面對60分的職位或任務，要感到非常高興，因為這就是展現你價值的好機會。

THINK ABOUT：

如果今天你順利進入一家120分的頂尖公司，而你卻只有90分而已，要學習的事很多，但你也必須要苦苦追趕。不同情況各有好壞，但如何更進一步，讓自己成長，全取決於我們的心。

# 20 用熱情創造屬於你的工作。

> 「勇敢並非不害怕，而是心懷恐懼，依然勇往直前。」
> ——何欣茹，亞洲無腿輪椅舞者

有些人在進入職場後，因為「做自己」而不被接納，或者因為對傳統文化下長幼尊卑的職場倫理適應不了，而深感挫折。在日本，就有許多年輕人因為適應不了社會機制，辭職後成為尼特族而自我封閉在家中。若遇到這樣的適應挫折，**不需要氣餒，或許只是你的光芒沒被看見，或團隊不了解你的**

**潛力，你應該要「創造屬於自己的價值」。**

和大家分享創辦寶島淨鄉團——林藝的故事。她在二十三歲時登上TEDx Taipei舞台，分享她的環保歷程，被遠見雜誌選為「平民英雄青年」代表，與當年的總統馬英九對談，她的故事甚至入選教科書。二十七歲時，成為國立台灣師範大學最年輕的畢業典禮致詞人，演講影片轟動瘋傳。

然而，這樣看似成功的勝利組，其實也有過五年換過十個工作、因數次被資遣而痛哭，懷疑自己不被社會接納的徬徨時期。雖然畢業於中山女中、台師大這類一般人印象中的名校，但林藝卻是一個不折不扣的「叛逆少女」。國中的時候，雖然成績表現優異，卻常跟訓導主任嗆聲，而這樣的反骨精神，也一直深植於她的內心。

就讀台師大生命科學系的林藝開始探索各種可能，她修了專題研究這堂課後，發現自己並不喜歡待在實驗室，反而更喜歡走出去與人接觸，這讓她知道自己並不適合走學術這條路。進而開始思考——成為一名老師的可能。

大學生活接近尾聲，林藝面臨人生抉擇，順應了當時主流的想法，準備投入教職。「我實習的時候，不會天天去學校，我想去的時候才會去，這樣做自己，也可以說是對他人眼光不在乎。」林藝這樣說。

畢業後，林藝還是前往蘭嶼擔任代理教師。傳統教育體制下穩定的教職工作，並非她所嚮往的生活，「你能想像三十年都在同一個地方教書嗎？我的話受不了，覺得那樣好可怕，我自己喜歡不斷接觸更多新事物，去不同地方。」

但生科系的出路無非「研究」與「教職」，林藝透過幾年的嘗試都發現不是自己想要的。於是回到台北的家，休息一段時間，卻也開始緊張了起來。往後的求職路並不順利，短短幾年內，林藝換了十份工作，做過電視編劇、數位行銷等。天生反骨的她，對許多既有的模式不順服，做完事情就會直接下班也不會「假裝忙碌」，更別說是會勇敢表達自己與眾不同的意見。然而，作為一個社會新鮮人，這樣的叛逆性格卻讓她數次被資遣。

## 別被社會主流期待困住，勇敢走出自己的路

「當時真的是信心崩潰，覺得社會是不是容不下我，大哭了兩個禮拜。」但這個轉折也讓林藝開始思考，如果扣除掉社會主流的期待、父母的期盼等，「工作」之於她的意義是什麼？而自己又想成為怎樣的人呢？

為了追尋自己真正想要的，林藝開始了一場深刻的自我對話之旅。她每天到圖書館報到，大量閱讀各種書籍及資料，尋找突破「迷惘」的方法。當時林藝看到了歐普拉寫的：「傾聽內在的聲音。」及賈伯斯說的：「所有道路最終都會走在一起。」這些名言都讓她開始省思，如何能找到屬於自己的道路。

最後，她寫下了數萬字剖析自己，回顧過往人生，試著找回真實的自己。此時她才發現，過去想要找一份穩定工作的心態，其實是活在大眾期待之下、逃避自我的行為。而真正的她，並不喜歡傳統體制，喜歡與人接觸、喜歡跑來跑去，同時熱愛生物，喜歡創意。到底有怎樣的工作，可以同時滿足她所喜歡的這些呢？她思索著，如果社會上沒有能同時滿足上述條件的工

作，那麼，為何不自己創造呢？

於是二十七歲那年，林藝下定決心「創業」。把大學時就創立的「寶島淨鄉團」這樣純志工的團隊，轉化為商業模式，讓做公益的同時也能養活自己。進而發展出為企業辦理淨灘活動、義賣二手彩妝，及經營線上自媒體等方式，全心投入事業之中。

今天的「寶島淨鄉團」，包含志工團隊已經有四十幾位夥伴。而林藝同時也以個人身分到處接案，一年有近百場的演講及主持邀約，她選擇成為自己的老闆。探索職涯的路，跌跌撞撞走了五年多，過程中有許多的迷惘與挫折，但最後找到真正的自己，成功以影響力創造出個人對社會的價值。

「要問我對年輕人的建議，我覺得很簡單，就是不要想太多，勇敢去做。**不斷嘗試的過程中，你才能確定哪些是你不要的，然後慢慢摸索出真正想要的東西。勇敢不是不害怕，而是害怕的時候依然前進。」**林藝為自己的生涯寫下這樣的註腳。

雖然許多人都給予林藝「環保」這樣的關鍵字印象，但其實她對環保的定義，有著近乎哲學的獨特看法：「對我來說，環保不只是說『節能減碳』，而是讓每個人都可以找到屬於真實的自己，並且做最好的自己，找到人生最好的道路，降低社會成本的浪費。這就是環保。」林藝的故事，讓我們看到每個從迷惘人生找到無限可能的典範。

現在的你是否覺得，自己也有創造屬於自己工作的可能？

# 21 六大職場溝通的黃金原則。

> 溝通，是管理的濃縮。
>
> ——薩姆．沃爾頓，沃爾瑪公司總裁

寫作和演說技巧是職場的重要技能，有許多的研究都指出，寫作能力與薪水高低呈現正相關。在寫作方面越優異的人，獲得的收入更高。你可能會問，又不是文字工作者，為什麼寫作會影響收入？如果是理工背景出身的工程師，寫作如何影響薪水？

道理很簡單，寫作本身其實就是運用「語言文字」來進行溝通，你不一定要出書成為作家，或者從事文案撰寫工作，只要與人溝通，你就需要寫作的能力。其實編寫程式在某種層次上也是寫作，只是它透過程式語言來寫出讓機器能理解，並且按照我們所思所想運作的一種「寫作」，尤其身為工程師，更要懂得如何溝通。

寫企劃書、商業報告乃至於電子郵件，都是寫作的延伸。邏輯縝密，同時能表達自己的想法，讓他人可以正確理解、認同進而接受，達到順暢溝通，就是職場寫作的最主要目的。

坊間有很多專門談寫作這個主題的書籍，在這裡我簡單說明幾個重要的精神。

## 一、簡單明瞭

一位中高階的主管，除了底下的部屬之外，加上橫向跨部門的溝通，一天要收到上百封郵件是司空見慣的事。假設不能讓主管一眼就清楚信件所要傳遞的內容，那有極大可能因此會被略過或誤解。

如同自媒體寫作，下標很重要。自媒體寫作的標題是為了吸引人繼續看下去，而商業寫作，**其主旨就是要讓收信者第一時間知道發生了什麼事情。若能用一句話講，就不要繞來繞去；能用簡單句表達的，就不要用冗長的複句。**

對於事件的描述，也要重點的條列出來。要知道你的主管及同事們，不一定有時間細細品味每一封信，所以一定要在最短的時間讓對方了解情況。同時如果是跨部門溝通，更要避免使用太過艱深的專業術語，而造成理解上的障礙。盡量用淺白的語句，達到溝通的目的。

**二、注意細節**

在你按下「傳送」鍵以前，一定要再三確認過郵件內容，有沒有錯別字、對方名字是否正確，以及職稱抬頭等。如果是寄給更高階主管的信件，也可以請其他同事幫忙確認，甚至應該請自己的直屬主管幫忙看看有沒有問題後再寄出。

只要信件的收件人超過兩個，任何的微小錯誤都可能被視為不專業及不注重細節。**如果是內部的往來郵件還好，頂多被上司痛罵一頓；但若是涉及組織以外的溝通，小則損傷公司形象，大則造成公司虧損。**

這不只適用於電子郵件，簡報也是。因為簡報場合的觀眾通常不會只有一、兩位，當一群人看著同樣的投影幕時，任何的錯字都不會逃過大家的法眼。避免錯誤的一個很好方式，就是不要急著按下「傳送」鍵，如果是重要信件，不妨先擱置個半小時，處理其他事情後再回頭重新檢視，你可能就會發現原本沒注意到的細節。

### 三、避免負面

若想要顯現專業，就要避免文字中有太多的情緒。如果這個情緒是正面的，例如讚賞他人或者感謝合作夥伴，那還能接受，而且值得多做。不過，確實許多人會用信件與人抱怨，不管是對主管還是同仁。

這其實是很危險的事，因為所有郵件在公司伺服器都會留存，難保日後不會有人看到這些。再說，**情緒可能是一時的，過了就算了，但只要留下文字記錄都有風險。誰知道收到信的人，會不會原封不動的轉寄出去，讓你難堪呢？**

同理，通訊軟體上的文字也要避免過度激烈，因為能被留下的訊息，要斷章取義轉傳實在很容易。想要抱怨的話，還是當面講吧！**如果在同一間辦公室，也應該避免直接用文字溝通，畢竟見面三分情，更何況很多資深工作者，很在意明明共處一室，而你還要用郵件或訊息來溝通。**

**四、有憑有據**

商業寫作跟一般書寫最大的不同，就是有很強烈的「目的性」，因為企業的存在就是為了獲利及創造價值。所以每一個企劃、每一份報告、每一封信件，都應該有一個明確的起因，以及清晰的標的。

要透過這些文字達到目的其實很簡單，就是「說明現況」、「提出解方」。**因此，每一句話都要有憑有據。例如你提出了任何一個預測數字或者**

**可能的方案，都要論述是立基於什麼樣的數據資料或具體案例。**千萬不能「憑感覺」，如果只說「根據你以前的經驗」，這樣並不是一個穩定的論述基礎。

因為我們都知道，這是一個變動的時代，過去的成功並不代表未來的成功。所以在寫作上，一定要做好「文獻調查」，例如：競爭公司怎麼做？業界的趨勢是什麼？提出的數字是否有真實性及準確性的依據？

即便你是行政人員，被交付規劃簡單的辦公室總務規範，在規劃時也必須思考設立每一個條文的目的。業界普遍這樣做嗎？若有例外，你的立論基礎是什麼？不論是根據職場心理學或辦公室風水學，也都要清楚說明。

### 五、維持專業

在職場上或許你有很多要好親近的同事，也可能你所處的公司是員工平均年齡不到30歲的新創團隊，即便如此，工作場域還是要注重專業，所使用的溝通語言或文字，都不應該要有任何會讓人覺得「不專業」的情境出現。

像是許多年輕人的用語：「是在哈囉」、「傻眼貓咪」，這些或許經過媒體網路已經讓人知道其意思，但依然不適合用在正式的商業寫作上。如果公司的主要語言是英語，也要避免一些年輕人慣用的縮寫，例如：LOL（大笑）等。

甚至許多對內或對外既定流程的信件，你可以試著找前人留下的範本；如果沒有，試著上網輸入關鍵字搜尋，很簡單的輸入信件形式關鍵字，加上"example"、"template"，都可以找到許多範例參考。

## 六、沙盤推演

商業寫作，不同於個人社群或部落格的情緒抒發，不要一有想法就直接敲打鍵盤開始打字。先思考一下，這封信要寫給誰？收信人與你的職階關係？希望對方在了解這個訊息後，會採取什麼行動？這封信寄出後，可能會產生什麼效益或回應？

就算是很簡單的告知同仁專案進度，也要思考寫這封信的目的，希望對方接受到什麼樣的訊息，進而會有怎樣的反應？如果是對方延誤而導致專案延期，而你希望的就是他可以立即採取行動。所以第一步，應該是要了解為什麼會延期，是因為他有自己的工作要忙嗎？這時候比起直接陳述狀況或指責，採取詢問的方式會更合適。

「因為上次分工你負責的項目在期限內沒有交出，現在專案遇到一些問題無法繼續推進，有什麼是我可以協助的嗎？」這樣的問法能讓你知道情況，同時也讓對方意識到自己造成的影響。反之，如果我們採取直接聲明的方式：「因為你一直沒有回覆，造成專案進度延遲，請盡速回覆。」這樣可能會造成對方不滿，在情緒上產生抗拒。

所以在寫每封郵件或報告等商業書信之前，都要想想，你希望達成的效果是什麼？而你所採取的文字溝通可能會造成怎樣的後續漣漪？把握以上六點原則，就可以讓我們透過寫作來達到順暢的溝通。下次開始寫Email或者企劃、報告之前，不妨先用這六點自我檢視吧！

# 22 成功根基建立於專業人脈網。

成功來自於85%的人脈關係，15%的專業知識。

——戴爾．卡內基，人際關係學大師

許多人會把建立專業人脈，與「找工作」這件事情畫上等號，其實不盡然。專業人脈網能帶給我們的可能效益，遠遠超過你所想像的。或許公司的重要合作協議能談成，就是因為對方公司中有你的舊識。

首先，我們要有正確的觀念──**人脈為的不是「對其有所求」，而是在乎於「分享所擁有」。你想要怎麼收穫，就得先學會怎麼栽，自己先付出，他人才會願意回饋。**

如果交朋友帶著很強的功利性與目的性，關係很難有正向持續的循環。所以，我們要先用單純的交朋友方式，建立純粹的情誼。如此一來，在互利共贏的關係中，才能讓彼此都互相提升。

過去那種在商務場合交換名片的情境，相信在未來會越來越少。因為當我們在網路社群經營好個人的名聲與形象，你的臉跟名字本身就是名片。而單純換名片認識的人，除非當下剛好是同產業潛在客戶或供應商，不然名片往往被雪藏在角落，或者就被簡單的登錄進App裡。

一般來說，我們的社會連結包含了家人、同學師長、職場同仁、興趣社團、宗教團體，以及網路社群好友。而專業人脈網則是指在專業領域中的人際網絡，所以這樣的人可能會出現在我們各種連結中。或許你的堂哥與你同個行業，同學更不用說了，通常同科系的就業領域會差不多，就連職場同事在你轉職後，仍有可能成為你的連結。

想要建立專業人脈網有幾個方法。一般來說，在學生時期最好多結交朋友，而且這樣認識的朋友，更容易建立起深厚的情誼。假設你現在還是學生，建議你不妨多多嘗試參加各類活動。

若把學校處室的公告都點過一遍，就會發現很多有趣的活動；參加社團，認識許多來自不同科系的同學；或者更進一步，參加校外或跨校的活動。這些學生時期認識的夥伴，都可以成為未來影響你很深的人脈網。千萬不要只認識系上的同學，「校友圈」其實在未來的職涯，往往能發揮很大作用。與其等到畢業後參加校友活動，不如在學的時候就開始廣結善緣。

已經畢業的人，可以怎麼做呢？誰說只有大學才有「同學」的，這是一個學習力的時代，即便畢業，仍可以參加許多興趣型的社團或學習型的組織，又或者你可以在網路上找到景仰的前輩，約他出來喝杯咖啡、請教專業領域的事情。

不論你喜歡寫作、園藝、收納、甚至養烏龜，都可以在網路上找到社群同好。而這些興趣社團，都有可能讓你認識許多朋友，進而成就你未來人生意想不到的機遇，成為你的貴人。

而如果你在一個擁有上千人的大企業工作，也不要放棄任何認識人的機會。多參加公司主辦的各種跨部門活動，不論是講座、工作坊還是家庭日。試著跟部門之外、平常也沒有業務往來的同事們建立關係，對你目前的工作也會有所幫助。

在經營專業人脈網時，可以從兩大核心——揭露自我與尋求反饋為出發。透過這樣的人脈網絡，讓他人了解你，同時也能更了解自己。讓他人認識我們，知道我們的專長與技能，以及能夠提供的服務，在心中留下印象，當未來他有任何需要時，便會想到你進而聯繫。**而更進一步地，我們可以讓其他人理解我們的理想及信念，重視的議題，以及希望成就什麼。**

但在此之前，你必須要先讓人知道你需要什麼。你可以適時地分享自己的目標，或許你所煩惱的事情與這個人無關，但當你分享，對方如果剛好手上有相應的資源，也會想到可以如何幫忙。

**這種時候千萬不要害怕欠對方人情，當別人主動願意提出協助，日後你也應該時時想到他的需求，相互幫忙，就能形成正向循環。**

另外一點，則是透過他人了解自己。其實有許多人是不夠了解自己的，有時可能因太過自信而高估，也有可能過於謙虛而看輕自己，不知道自己的定位與專長，這時便可以透過認識的專業人脈網，給予自己職涯上的建議。你的專業能力相較於業界的水平如何？你的職涯在未來可能有怎樣的發展？**不要害怕尋求反饋，有時獲得的回應可能是負面的，但專業的評價可以為我們帶來更多成長。**

總結前面所述，專業人脈網最重要的就是「訊息的交換」。讓你更了解業界，也更了解自身的價值，同時也讓他人了解我們。至於如何建立專業人脈網，可以透過下列幾個途徑。

**一、參與興趣社群**

在工作之餘，一定要試著參加一個興趣相關的社團，喜歡花就去上花藝課吧，喜歡動漫也可以去版友的線下小聚。同樣興趣可以讓我們擁有共同話題，更快建立起關係。

**二、主動認識專家**

一些領域上的專家，通常會有線上或實體的著述，如果有你非常認同的達人，試著寫封信表達你對他真誠的敬意。人們通常都對正向的肯定抱持好感，這樣也能讓你進一步有機會介紹自己。

**三、留下深刻印象**

不論在學校或公司，都有許多培訓的課程或講座，不要當那個只在台下默默聆聽的人。結束後可以主動詢問問題，分享你的看法，給予真心的讚賞。即便是在社群場合認識的夥伴，也不要加個好友卻就此不互動了，要持續地分享及交流。

透過這些方法，相信你可以結交到許多良善的緣分，試著每個月都讓自己有機會認識一個新朋友吧，透過對談進而深入地了解彼此。每當你認識一個人，就等同於打開一扇可能的窗。

# 23 減少誤會，輕鬆做好向上管理。

你無須喜歡或欽佩你的主管，但你必須要管理他，讓他變成你達成目標的資源。

——彼得·杜拉克，知名管理顧問

大多數的企業，績效考核或年度評鑑都是由直屬主管來核分。在初入職場的前幾年，主管如何看待我們，將成為影響職涯的重要因素。

偏偏對主管的「向上管理」，正是許多年輕人深感畏懼的，尤其在害怕犯錯的情況下，可能也不太敢問問題。或許你在學校是個活躍分子，但職場環境畢竟不同於校園，與主管關係的建立，便成為許多社會新鮮人最煩惱的課題。

其實，**不論你的主管有多資深，或是與你同個世代，他們終究也是人，既然都是人，對應事情的方式與感受，還是有跡可循的。只要學會妥善應對，每個人都可以與主管建立起適當的合作關係。**

## 一、從資深同事來了解主管性格

每個主管都有不同的「使用說明」，有些人喜歡具主見、有想法的創意人才；也有比較傳統，重視部屬的執行能力。主管的「使用說明」非常重要，若一不小心踩到地雷，很有可能會讓你丟了工作。

我曾在媒體報導中，讀到一篇關於台積電創辦人張忠謀的領導風格。某位新進公司的高階經理人，其行事風格相當美式，在某個場合第一次見到張忠謀先生，便熱情地上前搭肩拍背說：「Hey Morris，我是新來的OOO。」張忠謀當下沒什麼回應，後來詢問人資主管後，便直接將此人開除了。

這個血淋淋的故事告訴我們，在與主管應對時，必須先了解清楚其性格。每個主管都有他重視的點，或許是階層關係之間的尊重，不喜歡部屬越級報告或跨部門協調時未知會；也有可能十分開放，反而討厭凡事唯唯諾諾、欠缺想法的員工。

了解主管最簡單的方法，就是透過資深同事們來理解。可以試著詢問自己的老闆，曾在怎樣的場合嚴正地表示過感受，或者他對哪些夥伴特別認可，原因是什麼。所謂知己知彼，百戰不殆，從主管是哪裡人？大學讀的是什麼專業？在公司任職多久了？職涯歷程？與其他高階主管的關係？這些都是你應該要掌握的情報。

## 二、定期匯報工作情況

在職場上不乏遇見搶功勞的同事，明明是你花時間做的，卻被別人割稻尾撿現成，拿去當成自己的貢獻說嘴。遇到這種情況，任誰都會在心裡恨得牙癢癢的，可能還因此覺得主管識人不明，忠奸無法辨認。

但其實，有時真的是主管過於忙碌。就算是身為一個小團隊的主管，也可能向下帶領五、六人；對上要向高階主管會報，還要與不同部門平行溝通；每天收的郵件超過上百封。期待他對每個新進同仁花時間對談，深入到對工作情況都瞭若指掌，就算他願意、時間上也不允許。

要解決這個問題很簡單，**關鍵就出在你的作為與努力沒被主管看見，所以千萬不要被動等待，而是主動的呈現。**沒有主管會不喜歡自己的部屬積極與自己匯報工作情況。

即便你還在試用期，仍集中於新人的培訓課程中打轉，也一樣可以進行匯報。你可以把學到的東西或所思、所想的感悟，做成簡報或條列式的整理，每週以郵件寄給主管或當面請益。這樣即便有人想搶你功勞，主管早就在你的定期匯報中，知道你做了哪些事情，而那些職場壞寶寶們只會自曝其短。這也會是一個很實用的方法，讓你與主管建立正向的連結與關係。

## 三、明白主管的煩惱

許多剛進入職場的新鮮人，常常會認為自己是滿腹經綸的千里馬，怎麼一開始便有種被放生的感覺，主管好像都沒有時間給予指導跟建議，甚至沒指派任務。也或者有另一種情況，自己被吩咐了超過負荷的工作量，埋沒於許多庶務之中，不開心也缺乏成就感。

然而，當你心中浮現出沒人懂的感覺時，應該要反過來想：「那你又了解你的主管多少呢？」他目前遇到什麼樣的困難？哪個專案正讓他忙得不得了？每天開的會議都是在處理什麼事情？

「解決問題，才是衡量人才的唯一方法。」這句話也是每一個鴻海集團的員工都能琅琅上口的郭台銘語錄。如果想要快速展現自己的專業跟價值，就要「對症下藥」，了解組織目前正遇到的困難，及主管最煩惱的第一要務，然後試著提出可能的解決方案。如果你的建議或方法，對事情的推進有加分，那麼，你的能力與價值也會被看見。

了解主管煩惱的方法有很多，一樣可以透過團隊同仁的討論話題旁敲側擊，但我最喜歡的方法是直接詢問。主動邀請主管，與你一對一面談的工作進度，過程中，除了報告你的現況，也詢問團隊發展走向，同時透過這樣的機會，了解主管最近在工作上最在意的事情。

## 四、了解期待與尋求反饋

當你透過一對一的對談，讓主管了解你當前的工作情況，以及他目前正投入跟掛心的事之後，也可以詢問他對你的期待。這部分非常重要，很多人在試用期沒能通過，有多數原因都是因為表現與主管的期望有落差。所以，最好要不斷的主動與主管對談，了解他對自己的看法，進而釐清自己的不足及需要改進的地方。

通常主管都很願意給上進的年輕人機會，就算表現的與面談時有一段差距，但任何主動尋求幫助的人，相信都能獲得改善的建議及空間。了解主管對你的看法後，也該適當的給予感謝及回應，以形成正向的循環。不要怕對主管表達你的想法，尤其當他與你深談之後，而你也感覺受益良多時，就勇敢說出你的景仰吧！

透過以上向上管理的四種方法，都在於建立雙方對彼此的「理解」，**在相互的理解下，矛盾與誤會就能大幅減少。**

THINK ABOUT：

1 定期主動匯報工作狀況，與主管建立起正向的連結關係。

2 學習打探情報，了解主管的個性、經歷及煩惱，適當的互動能有助於理解彼此，進而減少立場矛盾。

# 24 如何在職場上化敵爲友。

> 我化敵為友的同時，也消滅了敵人。
>
> ——亞伯拉罕．林肯，第十六任美國總統

在職場上，我們難免會聽到一些關於自己的負面評價，可能來自於同事或主管，讓你覺得自己不行、不夠好，因而開始懷疑自己，甚至感到生氣、沮喪。

「我明明不是那種人」、「自己付出了這麼多還被陰」、「職場小人真是多」你心裡一定這樣想過。但其實這些負面的聲音，往往並不出於「外在」，而是由我們內心所發出。你可能會覺得有點困惑，明明批評我的是別人，被整的人也是我，為什麼「負面的聲音」是從自己內心發出的呢？這是因為我們看待事物的角度本身，讓這些作為產生影響。

「被誤解」，往往是這種不平衡最常發生的原因。然而，知道「自己被誤解」本身是件壞事嗎？不盡然，至少它點出一個問題、一種狀況。**面對問題時，我們應該思考的，不是當下的窘境、尷尬，以及所衍生的情緒，而是試圖尋求解答。**

先先問問自己「為什麼？」，找到問題真正的根本。

我在職場上也曾遇過好幾次被人誤解的情況。雖然身為人資主管，但其實我是很不像的。一般人資都給人一種既定印象，溫柔、敦厚，大多穿著體面，對外代表公司形象，因而給人專業的感覺。然而，我給人的形象更像個工程師阿宅，當然這也與我一直以來都在製造相關產業有關；另一方面，我的性格比較奔放灑脫，講話也直接。這讓一些在職場上剛認識我的人，因為與其對人資的既定印象不同，而產生意外感甚至排拒。

我也聽過一些對我的批評，甚至有人說：「我認為則文不能勝任這個職務，他太年輕了。」而這些話後來也傳到我耳中。

當下我的反應是：「為什麼他們會這麼認為呢？」我們每個人因為成長背景、教育環境的不同，因而塑造出各自的價值觀及看待事物的方式，有時候重點並非「誰是壞人」，而是理解這不過是不同價值體系的碰撞而已。**這些碰撞，其實只是基於不理解，一旦彼此理解的橋梁能建構，諒解也會隨之而來。**

有些人在面對批評自己，或者跟自己不對盤的人時，就會在心中建築起一道高牆，避免與之接觸；甚至與身邊的人抱怨，而使得這個情緒更加深化。面對這樣的困境，我會建議你應該試著找對方聊聊，但不是貿然地興師問罪：「我聽誰說你覺得我怎樣」、「為什麼那個專案你要這樣搞我」，而是先承認自己有所不足，進而尋求對方的建議及協助，好讓自己可以有所成長及改進。只要你願意謙虛地放下身段，通常對方也會改變態度，與你分享一些看法。**相較於迎合討好，主動尋求幫助的態度，才是建立良好互動關係的方法。**

## 被討厭，反而是深入了解自己的機會

心理學上，有一種「富蘭克林效應」。故事是這樣的，美國開國元勳富蘭克林，曾有一位政敵，總是處處與他作對，不僅在各種法案上扯他後腿，甚至寫信給議會聲稱富蘭克林不適任，讓富蘭克林恨得牙癢癢的。

有次，富蘭克林用了一個方法，回敬這個對他不友善的議員，沒想到卻讓對方從此對他十分友善。他所做的事情就是——「借一本書」。富蘭克林聽說這位敵對的議員，有一本稀世的書籍，便向其詢問是否能借他看看。對方答應了，富蘭克林讀完書後便寫了一封信滿懷感激的信致意。經過這件事情之後，這位政敵態度軟化，對待富蘭克林也變得友好。

簡單的說，**這是由於大腦的機制會認為「正向的行為源自於『喜歡』」，為了把這樣的意識邏輯理順，便潛移默化地讓自己「喜歡上」自己幫助過的人。**我發現這個效應是真實而且有用的。當我們尋求那些曾經批評過自己，或在工作上為難自己的人幫助時，可以藉此了解對方的想法，以及他「為什麼」會這樣看待我們，並給出這樣的評價。

給對方講出來的機會，透過抒發出情緒，對你的厭惡感不僅會降低，說不定他所提出的看法對你也是有建設性的，畢竟沒有人是十全十美。越是親近的人，有時反而顧慮到交情更不敢說真話。

在這樣的互動過程中，你們很有可能可以化解誤會。被討厭、被批評，不見得是壞事，**因為當我們試圖去尋找原因的過程時，勇敢面對源頭、放下執念，承認自己可能有所不足，往往能得到意外的收穫，進而更加了解自己。**許多現在跟我建立起非常深厚情誼的工作夥伴，一開始都不是很喜歡我，但隨著透過像這樣主動尋求理解的方式，我不僅看到了自己的盲點，藉由他們也幫助我找到一些方向。

THINK ABOUT：

有沒有在職場上讓你恨得牙癢癢的「小人」？請他喝杯咖啡吧！請他幫你做一件小事，讓他提供你一些職場建議，或許一開始你的心裡會很抗拒，不妨試試這個「富蘭克林效應」，找到「為什麼」，以及破解這個困境背後可能的解方。

# 25 以運動調適壓力，讓未來走得長遠。

照顧好你的身體，那是你靈魂唯一的住所。

——吉姆．羅恩，美國企業家

想要在職場上走得長遠，健康非常重要。許多職場強人，打拼了一輩子，卻因為太拚了，結果還沒退休就因病纏身而痛苦不已，甚至因此長眠不起。千萬不要有錢而沒命花，而塑造健康身體的唯一解方，就是運動。

你知道嗎？運動甚至可以讓你的收入更高。《富比士》雜誌就曾報導，根據克里夫蘭州立大學經濟學教授瓦希里歐斯・柯斯提斯的研究發現，一週運動三次以上的人，比沒有運動習慣的人，收入平均多出將近10％。就算是運動次數一個月只有兩、三次，平均薪資也比完全不運動的人高出5％。

這其實很容易理解，運動是各種身心疾病的最佳良藥。尤其是職場上最容易面對的「壓力」問題，壓力大容易導致自律神經失調，讓你半夜睡不著，或者明明是早上，喝了咖啡卻還是十分疲倦。

**運動能提升大腦內正向賀爾蒙的分泌，例如血清素、多巴胺等，這些會讓人感到愉悅。**光是一次的運動，就可以讓你的專注度提升。而長期的運動更能提升記憶力，對大腦產生保護。運動過程中，身體會製造出新的海馬迴細胞，讓前額葉皮質增強，抵抗認知衰退的情況發生。

來說說我自己的經驗吧。二〇一九年我回到台灣，便緊接著加入一家新創企業，不同於過去我所帶領的五、六人團隊，一切從零開始，我成了一人部門，主管是我，員工也是我。

那段期間，一開始感覺有些不對勁，身體變得容易疲倦，心情也常起起伏伏。遇到問題就開始找解方是我的習慣，思考良久後，我才發現，是缺少了運動。在過去外派的日子，我每天都會跑操場，甚至可以跑一小時以上，每天十公里這樣跑。回台灣初期，安頓下來後，便忘記了運動這件事。於是在二〇二〇年初，我去運動中心報名了一個晨泳班，每天早上五點起床，六點抵達游泳池開始進行訓練，由教練帶著我們每天游兩千多公尺，直到快八點才結束。

對此，我的朋友們很驚訝，上班不是已經很累了嗎？清晨五點起來還游得不輸給學校校隊的程度，這麼操，不會更累嗎？結果完全相反，像這樣一早起來運動，反而上班精神變好，心情也更愉悅。每天游得要死要活，一上岸便喘個不停的同時，也覺得自己變得強大，再也沒有什麼能難倒自己！

後來因為新冠肺炎疫情的關係，運動中心從三月起封閉了很長一段時間，無法去游泳的我又開始容易疲憊了，這才發現我真的已經不能沒有運動。其實任何簡單的運動，都可以對身體有極大的好處（就算是任天堂Switch的健身環大冒險也棒！），只要持之以恆，你一定會感受到運動帶來的改變。

## 設定目標，管理好身體產生更高績效

我們在職涯上遇到的許多問題，根本核心很可能是自己的身心狀況，而外在因素只是一個觸發點，只要有強大意志便足以面對挑戰。而運動是鍛鍊意志力的絕佳方法，熱愛馬拉松運動的富邦金董事長蔡明忠就曾說過：「**想要放棄時，如果想到完成時的美好，就可以堅持到底。**」

許多高階經理人都是運動愛好者，國泰投信董事長張錫也是相信運動可以帶來高績效的信徒。他認為藉著運動，可以讓大腦暫時遠離壓力現場，在重新面對工作時，對各類任務的先後順序、雜亂的各方資訊何者為真，反而能更清晰地判斷。因此就算面對挑戰與困難，當一個人知道該做什麼、又該如何做的時候，壓力當然就會減少。

為什麼有運動習慣的人，容易達到更高的成就？這是因為人性都是好逸惡勞的，而運動本身就是一件苦差事，即便運動後可以帶來身心的愉悅，但過程中一定有讓人痛苦、進而想逃避的時候。加上運動的成效很難獲得立即的反饋，比起吃冰淇淋當下所產生的快感，因運動而有的改變需要長期累積，所以容易使人三天捕魚兩天曬網。這樣的情況建議你可以用幾種方式進行：

**一、先從簡單容易的目標開始**

如果你一開始就設定每天要跑三千公尺，結果不易達到便氣餒了，索性也就不做了。其實，較好的運動方式是從簡單的習慣改變開始做起。例如，用計步器要求自己每天要走一萬步以上，或者只跑個兩、三圈操場也行，總之，先把「習慣」培養起來。

**二、記錄自己的運動情況**

記錄是一種累積與回顧的方法，許多人沒辦法持之以恆的運動，往往是因為沒有看到運動後明顯的改變，便開始鬆懈進而放棄。但只要動過必會留下痕跡，你不只可以寫下運動的時間，並且記錄感受，進步就能在這樣的過程中被體現，也能成為你持續的動力。

### 三、運用群體的力量

如果你是完全沒有運動習慣的小白呢？不知道從何開始。建議你利用團體的力量，加入運動社群。不管是任何運動，一定都會有愛好者組成的社團，加入有著共同興趣的組織，也是拓展人脈的方式之一。又或者，你可以邀請同事下班後一起打球，這也是增進團隊連結的好方法。

### 四、想像未來的模樣

勾勒自己若持續一、兩年運動後可能發生的改變，也是一個很棒的目標設立方法。網路上有不少前後對比的照片，看到原本的弱雞蛻變成陽光型男；或是大媽狂瘦十公斤後，年輕二十歲的樣子，都能有助於形塑具體的目標。透過觀想未來很棒的自己，也能增加動力。

## 五、試著參加比賽看看

回想中學、大學時期，為什麼我們能吸收這麼多的書本知識呢？很大一部分是因為有考試，沒有人不希望自己表現得好。所以在運動這件事上，如果你能給自己目標，以具體的比賽作為準備，例如：馬拉松、長泳、鐵人三項等，也會讓自己在運動過程中更有驅動力。

透過以上這些方法，建立起運動的習慣，不只身體能變好，在職場上也將有更強大的調適性，同時還能拓展人脈，塑造正向的性格跟循環，真的很值得投資看看。每天給自己十分鐘動起來吧！

# 26
# 系統化的閱讀，充實自己的知識庫。

讀書譬如飲食，從容咀嚼，其味必長；大嚼大咀，終不知味也。

——朱熹，中國宋代大儒

一位成功的人士，一定會有閱讀習慣。但這在這樣緊繃的時代確實不容易做到，畢竟下班後都已經八、九點了，週末也要忙著交際或好好休息，而手機每分每秒都有爆炸式訊息量等著接收，要找個時間好好靜下來閱讀一本書，對許多忙碌的年輕人而言幾乎是不可能。

或許有人會說，手機就可以看到許多免費的內容了，這樣要花錢又占位置的實體書被淘汰是遲早的事。然而，不同於網路上許多快速產出的文章，書籍的誕生是經過作者長時間的經驗積累、編輯及作者來回的討論，更別說還有嚴謹的校正及事實查核。

許多專家學者一生的鑽研，形成知識體系就蘊含在一本書中，這跟網路上碎片化的訊息有著本質上的差異。相較起來，書籍的知識更有系統性內涵存在其中。有些人一看到書就頭痛，可能是因為方法不對，但其實閱讀是有策略可以運用的。過去我們在求學時期為了應付考試的念書方法，並不完全適用於書籍閱讀上。以下我將談談一些非虛構書寫的知識性書籍閱讀技巧。所謂非虛構書寫的知識性書籍，就是非小說，如科普及商管相關。

只要用對方法，你便能在很短的時間內吸收一本書的精華，在這裡提供幾個建議：

## 一、先了解架構

一般來說，知識性書籍不同於文學類書，例如，小說最怕被爆雷跟破梗；但商管或科學類書籍，都在闡述特定主題或理論，所以先知道總結反而是好事。你可以在一開始便先了解這本書的輪廓，將有助於後續閱讀時能有更好、更快的理解。

一本寫得好的書，從目錄就能清楚看到論述的結構。通常來說，目錄大綱是書籍的內容重點，當中包括了立論的基礎。此外，你也可以看看網路上其他人的書評，從中大略知道這本書想要傳遞的精神是什麼。

了解架構之後，內容就大致了解八成。有些書從頭到尾都在談述一個理論，所有內容只為了論證這本書的理論為真，透過各種案例及故事作為佐證，像這樣的書，其實你就不需要讀完全部。

還有一種工具型的實用書，書中提供各種思維模式，例如：《工作哲學圖鑑》、《PowerPoint必勝簡報原則154》，這種書就像食譜一樣，不應該只用一天或一口氣看完，而是要沒事就拿出來反覆咀嚼，然後思考可以在哪個情境套用。也有一些結構較輕快的書籍，每個篇章彼此之間並沒有前後邏輯相關，便可以依需求而挑選單獨篇章閱讀。像這樣的書也不急於一天看完，而是當成日常小品，每天讀個幾篇。

## 二、理解先於記憶

在我們過去所受的教育之中，對於資訊都被要求以記憶為主，為的是通過考試；但其實在書籍閱讀時，你應該要把「記憶」的重要性放在後面，因為在現今這個時代，所有需要記憶的，Google都可以幫忙。你不需要記得一本書的所有事例，而是要理解作者想傳達的核心主旨。

每個月我都會收到許多出版社寄來的書，多的時候可能一個月會有十幾本。幾次發生了意外有趣的事，我收到書後翻了翻覺得收來的書很棒，仔細讀了之後才發現，其實這本書我早看過了，因為推薦文是我寫的。這不是我得了少年癡呆症，而是我習慣在閱讀時，把「理解」放在前面，而不是「記憶」書裡的每個案例或每個字。理解作者的核心精神，他到底想告訴我們什麼？有沒有人採取與他相同的論點？這是普世的看法，還是作者獨創的見解？而我對這個論點的看法如何？

因此，閱讀時的我們其實是與自己展開一連串的「對話」，不斷的提問及思考，進而透過這些方式來「理解」。如果只是著重在記憶內容，最後可能什麼都沒有得到。若你想要好好理解一本書，可以從三個層次出發：

- **理解作者寫這本書的要點**
- **探索自己對這本書的看法**
- **思考書中論述的使用情境**

試著在閱讀一本書的時候，都從這三個問題去思考，不只是單方面的吸收，而是建立一種對話的模式，這樣便可以加深理解及閱讀的深度。

## 三、先讀你感興趣的書

有時候看不下書的一個原因，是這本書的主題其實你根本就不感興趣，或者與你正在面臨的問題沒有產生連結。這樣就會很痛苦，因為這些議題你打從心裡認為與你無關。若你想養成閱讀習慣，建議嘗試先從自己喜歡的主題著手。

台灣作為出版大國，各類主題書籍都有。不怕找不到你感興趣的書，只怕你根本不知道自己喜歡什麼。我常常建議年輕人，不論是找到自己的興趣還是喜歡的書，最簡單的方式就是把自己放在書店一天，關掉網路，不滑手機，給自己與一本書相遇的機會。

因為找到一本想看的書也需要經過琢磨，這時候就要「以終為始」，開始思考自己想要怎樣的人生，想要達到怎樣的境界。假設你的時間管理很差，那麼，像是《番茄工作法》這樣的書就會是你需要的；又或者公司的生產流程出了問題，你就可以閱讀《零錯誤》；若自我學習出現困境，《刻意練習》或許就很適合你。

## 四、從「輸入」變成「輸出」

也會有讀書沒辦法讀到心裡的時候，問題就出在只有單純的輸入，透過視覺把文字訊息傳遞到大腦；若想要把知識固化，最好的方式就是「活用」，這樣才會真正的理解。

寫書評放在網路上是一個很好的方式。為了要把心得組織成文章，同時又有「因其他人會看到」而不能亂寫的壓力，你就會要求自己對這本書的理解達到更深層的境界。而在組織文章的過程，你也會回顧這本書的內容，如果有哪裡忘記了，也會拿起來重新溫習。

另一個很棒的方法是，**透過圖像化把書裡的概念作成簡報或心智圖。像這樣資訊重組的過程中，大腦便會活絡起來，深刻地把書籍的內容烙印在腦中。**你不妨試著在看完一本書之後，畫出一個心智圖，然後寫成一篇書評放到網路上。如果行有餘力，還可以用簡報的形式內化知識，而這份簡報說不定未來哪天工作時能派上用場，顯示你的學識涵養，一舉數得。

## 五、同時閱讀數本書

如果你目前對某個特定主題感興趣，也可以試著同時間閱讀好幾本書。如何可以同時看好幾本書呢？我們不是都只有一對眼睛、一雙手嗎？然而，在我寫作這本書的當下，桌上就擺了好幾本書呢，這些書的主題都是相關的，那就是「如何閱讀」。

像這樣同時閱讀好幾本相同主題的書籍，感覺就像演奏交響樂，因為有各種不同的樂音，交互演奏之下，比起單種樂器更有立體感。要達到這樣的閱讀享受，首先你必須知道自己想探討的議題是什麼？想尋求解答的問題是什麼？以及動機和目的為何。

這些同領域的書籍就像是一位又一位的專業顧問，各自提出見解與解方，而你基於這些建議，開始判斷哪個才是最適合自己的模式。通常同一領域的書會引用的理論或看法，多半有部分類似，所以像這樣同時閱讀好幾本書的方式，不會是一本看完再看一本，而是針對一個問題去翻找每本書中的解答，進而相互應證，或者折解不同作者對於同件事情的不同看法。不需細看每個字，在腦中「朗讀」；而是直接採取一個更高的格局立體思考。

## 六、書不要只讀一次

很多人一本書只會看一次，讀過就束之高閣，所以才覺得書很占空間。其實，比起一本書用三小時看完，不如用一小時看三次，然後一年看好幾十次。一本書看好幾十次？這不是更浪費時間嗎？其實不是的，就像素描一樣，會先畫出骨幹，臉的部分用十字定位，再慢慢把細節補上。你應該沒有看過有任何畫家是一筆從頭畫到腳的，而是一層一層地畫。

閱讀也一樣。通常一本書我會看三次，第一次先快速掃過大綱跟內文，試著抓到重點，一面兩頁頂多花三秒，一本書大概用幾分鐘翻完。接著會闔上書，閉起眼睛思考，剛剛讀的這本書在談什麼，我有抓到重點嗎？

有了骨架之後，接著就是填補內容了。第一次讀書，通常我會先掌握每個篇章的主題，第二次閱讀時，便根據剛才的重點，開始找出想要進一步了解的內容，深入去看作者提出的案例及理論推演，以理解的方式找到這本書的核心內涵。

最後再透過寫書評、與其他書共同閱讀比較，固化這些知識。日常生活中若又想到這個主題時，再拿出來翻一翻。即便是同一本書，因遇到的情境不同，每次能看到的點也會不一樣。

透過以上這種策略性閱讀方式，一定會為我們帶來全新的眼界。下次當你準備開始閱讀一本書之前，記得先回來翻翻這本書，試著活用這六點，相信會有意想不到的收穫。

# Career planning

Chapter 5

# 轉換跑道之前，你應該知道的事

職涯中走得多快多慢都無所謂，
只要不停下腳步，終會從失敗過程中
找出屬於自己的路。

# 27 轉職前的五種思考。

與其思考下次放假是什麼時候，或許你該思考，如何創造一個不會想逃離的生活。

——賽斯．高汀，美國創業家

在這個快速變動的時代，想跳槽可說是稀鬆平常，很多人已經不理會許多專家建議的「一個公司至少待三年」這樣的說法，做一年就離職，甚至任職三個月不到的比比皆是。

然而，站在職涯的十字路口，無論做出什麼抉擇，追根究柢都是希望自己能抵達更高、更好的境界。以下提供你五個思維方向，重新盤整思緒：

## 一、不只要選對職位，更要選對老闆

選對產業、選對公司，並不代表人生從此一帆風順，每天朝夕相處的老闆也很重要。「千里馬常有，而伯樂不常有」是大家遇到的真實情況。在不懂你資質跟潛力的老闆眼中，你可能只是個無機的生產機器；反之，如果老闆有看到你的才華，你就有機會成為珍寶。

漢初三傑之一的大將軍韓信有個故事。當楚漢相爭，他攻破齊地時，本可自立為齊王，與楚漢三分天下，但他卻念在劉邦的舊情，而選擇繼續依附漢王，為什麼呢？那是因為韓信最早曾經在項羽麾下，但不被重視，幾次獻策都被當空氣，最後出逃投靠漢營。

到了漢軍之後，幾次跟蕭何對談，蕭何大感驚訝其才，準備向漢王劉邦推薦，偏偏等待的時間太久，韓信以為自己又不受重用而準備半夜出逃，即為著名的「蕭何月下追韓信」。最後，韓信成功獲得引薦，也確實受到漢王的重用，成就了一段君臣佳話。

說這個故事的重點是，當直屬主管看不到你的優秀表現，而你也覺得自己不受待見，將會面臨兩種抉擇：**想辦法在組織內自請調職，離開這個主管，開創另一片新天地；或者直接離職，另尋伯樂。**

## 二、不要只被動接受任務，對自己的職務要有想像

回到剛才那個故事，韓信為什麼一失望就馬上拂袖而去？因為韓信不管在楚營還是漢營，都曾多次獻策，試圖為組織尋找出路，卻往往不受主管重視。但換個角度想，不被看見，或許不是因為主管人品太糟糕、狗眼看人低，而是人家實在太忙了，部屬也太多，沒空一個個細細檢驗。

這時候，積極主動地創造出自己的價值，讓自己有機會被看見就顯得很重要。身為員工的你不該只是被動接受命令、完成交付任務，更應試著主動找出目前組織內部的問題，提出改善方案，為公司帶來效益。

戰國時期著名的縱橫家蘇秦，為什麼能成為配戴六國相印的一代豪傑？因為他「創造出自己的任務」。每到一個諸侯國，他的套路都一樣，就是告訴國君：「貴國現在遇到什麼恐怖的威脅，如果不處理會怎樣。恭喜你現在遇到一個天才，我的策略是什麼，交給我就是了。」讓每個國君都放心委託他，代表自己去遊說其他國家。

所以，**想要成為被看見的千里馬，不能只是靜候時機，還要對自己的職務有想像力。**看看目前公司業務或組織內部，有沒有什麼問題或痛點，自告奮勇提出改善方案，就有可能得到表現的機會，進而立下功勞。

## 三、面對只有60分的公司，請先大笑三聲

許多剛入社會的人，最常遇到的問題就是「覺得公司水準太Low」，認為自己是超過水準之上的人才，而公司規模跟格局卻只有60分及格邊緣。感覺伸展不開，因而想要離職。如果你也這麼認為目前任職公司遠低於自己的預期值時，請趕緊大笑三聲，假設你有90分，公司只有60分，而這之間落差的30分，就是你能為公司帶來的效益，代表你的價值更容易被看見。所以回

到第二點提到的，趕緊用實際的行動及方案，幫助公司補足這30分，就能成為立下功勞的大紅人。

反之，假設你是90分的人才，進入了有100分的公司，這也是好事。因為你能透過組織不斷學習，但也可能讓你因苦苦追趕，而成為總是得被提攜的「後進」。組織讓你提升，但你卻難為組織帶來效益。所以有時換個角度思考，或許會有更開闊的視野。沒有任何巨型企業是某天就從石頭裡蹦出的，世界上所有產業大頭，哪間不是從僅有數人的小公司開始呢？

## 四、從主管的角度思考：我願意提拔什麼樣的人才？

大學時期，我有個好朋友他很少讀書，每天都忙於辦活動，卻每次考試及報告都異常高分。我念的歷史系大多考申論題，沒有理工方面的計算題，這種需要念文本的硬功夫，應該都需要時間下功夫。出於好奇，於是我請教這位同學是如何辦到的。

他神色自若地說：「我讀書的時候，每讀一段都會停下來思考，假設我是老師，這段能出什麼樣的題目？因此，每看完一科，我也想出了一套模擬試題及答案，通常都能命中七、八成。每次考題出來，也能再次應證我猜題的思考方向對不對。」

職場上的主管也等同於出題老師（畢竟他是負責打你績效的人），他會出什麼樣的題目呢？若你身為主管，怎樣的年輕人，是你看到之後會非常樂意提拔的？不妨這樣試想看看。

很簡單，每個老闆都希望有個能讓自己省事、省心的部屬。如果今天老闆要你去和其他單位了解專案預算，而你只是單純問完後就跟老闆回報：「他們說沒錢，這件事情不能做。」那麼，老闆自然只能把你當個傳聲筒。相反的，如果你在知道答案後，還能蒐集其他情報，提出完整的 Plan B、Plan C，作為老闆決策的依據，進而提出解決辦法，不僅讓老闆超省心，也會知道你的提案考慮了組織整體發展，自然機遇也會較其他人多更多。

## 五、勇敢提出你的想法

工作覺得無聊了，想要有更多的挑戰，那就勇敢提出企劃。覺得組織內部流程或制度不合理，就想想解決方案，勇敢的告訴主管。認為團隊成員的工作分配不均，那就思考有沒有更具效率的方法，然後提出來共同討論。

如果你的主管並不是願意聽取意見的人，怎麼辦呢？恭喜你，這時就可以回到第一項審視——選對老闆很重要。如果你已經有個願意傾聽的老闆，而你點出的問題與改善方案也都可行，主管有可能會將改善的主導權交給你，你就會進階到二、三、四項要領的落實。

等到這些問題都解決，或許當初讓你想離開的原因也不存在了，同時，你也得到一個展現自我的機遇與未來的可能。但如果發現講真話反而沒好下場，這時你就能毫無牽掛的說再見。總而言之，**不論是覺得工作不順想離職，還是想在組織內抵達更高境界，試著“Try to do something new”做點新嘗試，是面對職涯選擇時，開創機遇的不二法門。**

# 28 在工作上擁抱你的軟弱。

人生苦短，不要浪費時間去過別人希望你過的生活。

——史蒂夫．賈伯斯，蘋果公司聯合創始人之一

許多讀者寫信給我，說我的文字或演講帶給他們很多正能量，給了他們度過難關的勇氣，甚至有人叫我「正能量教主」。坦白說，這個稱呼我其實有點不夠格，也不習慣，我並不是一個絕對正能量的人，相信也沒有一個人可以完全的正面思考。

如果有一個人能完全的正向，肯定是假的。**人生就像一個正餘弦（sin/cos）函數，起起伏伏的，有高興的巔峰、有難過的低谷；有成就的時刻、也有失敗的落寞。擁有這樣多面向的生命故事，才是完整的人。**

有人說，「憂鬱」是一種現代文明病，然而，我覺得痛苦和難過是人生必經的路途，只要是人，能夠感知到情緒，就一定會經歷高峰與低谷。不論身在哪個時代或文化情境，負面情緒都是身而為人必經的課題。很多人想避免這些低潮，不喜歡負面情緒，想要擺脫它，希望自己成為一個全然正向的人。畢竟有誰喜歡跟痛苦為伍呢？

其實沒有這個必要，因為那部分也是你，你因為這些而完整。我們不應該排斥負面情緒及自身的脆弱，而是要學會擁抱它，與它共存，進而轉化為動力。我在小學時期，就曾經想過要結束生命，這是我第一次在著作中坦誠這件事情。因為出身背景的關係，父母沒有撫養我，加上家中經濟情況不好，從小患有ADHD（注意力不集中過動症）而學習表現不佳的我，情緒擺盪一直很大。

小學三年級的我就覺得，如果我沒有出生在這個世界上該有多好，而每當浮現這個想法時，多半是在我的生日。到了國中，雖然表面上是個開心果，但其實我有很嚴重的憂鬱傾向，經常沒來由的，或許看到窗外枯黃的葉子凋落，感受到生命的無常，便感到痛苦、難過。

「活著真是痛苦啊！怎樣才能結束這痛苦的循環呢？」這樣的聲音常常在還是孩子的我的腦海中浮現。

念了大學，即便進入社會，有時我還是會被緊張和焦慮給圍繞，「恐懼」也常常從心中冒出。害怕因組織精簡而被資遣、害怕家人生病或出事、害怕自己不夠格承擔眼前的一切。種種恐懼常常存在心中，讓當時的我感到非常無助。

經過很長一段時間後，我發現到一件事，觸發這個恐懼或憂慮的點，似乎不來自外在；也就是說，我所感受到的憂慮或恐懼並非因為外界發生了什麼事情，所導致的必然結果。當時就像是週期性般，到了某個特定的時間，或者因為一些原因觸發，就會讓我突然不想面對任何事，不想上班、不想面對主管、無法順利完成專案……覺得自己毫無價值，因為感到失落而痛苦。

## 別讓負面情緒操控你，軟弱不足反而是人生契機

發現這件事後，讓我開始思考，或許有其他的機制在控制這一切。也因此，我從大學時期便開始讀很多關於腦科學的書，發現其實憂鬱、焦慮及恐懼，其根本核心都是生物的本能，為什麼我們會害怕，因為害怕讓我們可以「趨吉避凶」。

舉例來說，古代的原始人如果看到獅子或毒蛇全然沒有恐懼感，甚至還覺得很有趣而跟牠玩耍，那肯定是找死吧。但是，身為現代人的我們有可能做出任何決策，讓自己喪失性命嗎？相對於遠古時代，確實身邊能威脅生命的因素減少了許多，除非你是混黑道的。

**這些難過、恐懼、焦慮、害怕的情緒，其實都是大腦的機制。脆弱的心理狀態，並不全然是壞事。**

若以腦科學的觀點去思考，為什麼我在工作時會感到不舒服、有壓力、焦慮不安等，有可能是因為大腦的化學物質分泌出現問題，甚至可能是因為身體的礦物質攝取不足，造成大腦分泌失調。許多的精神疾病與大腦的血清素、多巴胺分泌有關，假設我們能掌握這些情緒產生的機制，就可以有效改善問題。

反過來想，當每次發生焦慮或憂鬱的狀況時，為什麼我們會焦慮？為了什麼感到憂鬱？我害怕的東西是什麼？這東西真的存在嗎？發生之後又會怎樣呢？是這些軟弱，讓我們「意識到問題」。例如：害怕被他人拒絕、害怕被資遣，或是在親密關係上害怕受到傷害等，一旦意識到問題就要面對它、解決它，而不是陷入情緒之中。

沒有人希望有痛苦，因為「痛」這個感覺讓人不舒服。可是，如果一個人完全沒有痛覺的話，那又會是怎樣的情況呢？「無痛症」的人，其實非常容易受傷，可能手指斷了都沒有知覺。所以「痛」是給人的一種警訊，這個感覺提供我們一個訊號，目的是要我們去了解、去應對，以及去處理，**這個機制讓我們能活得更好，避免麻煩。這樣一來，軟弱就能成為力量。**

你所害怕的就是你目前所遭遇到的問題，軟弱讓我們看見不足，正確的思維讓我們能找到解決方法。所以，當你感到難過、感到痛苦，不要想著如何避免，而是勇敢地面對，並開始覺察、思考與自我對話：為什麼我會有這種感覺？它代表了什麼？我可以怎麼做以面對？

每當產生焦慮時，就用這樣的問題與自己對話：因為經濟不好，怕公司營運不下去，自己可能會失業？那麼，站在我的位置，我可以做什麼帶來好的影響？跟另一半發生爭執而陷入情緒低谷，想想自己希望的結果為何，可以如何做到？拿出一張白紙，寫下希望發展的走向，以及現在讓自己痛苦的窘境，接著，你就會發現這兩者分別是起點與終點，不滿意的現狀是「起點」，期望的境界是「終點」，只要找到可以從起點到達終點的方法，情緒就能得到釋放。

**軟弱象徵了我們的不足，而這個不足正是人生可能的契機。站起來並且越過它，甚至透過理解來反制這樣的機制，使之成為生命的動力。**

THINK ABOUT：

勇敢地接受自己的軟弱吧！接受它是你人生的一部分，你的必經之途，不要讓它成為你的絆腳石，而應該是墊腳石，帶領你抵達下一個境界。

# 29
# 讓自己具備隨時可轉換跑道的能力。

不去學習新的能力，未來產生劇變的時候，你要靠什麼去面對這個未來呢？

——蔡康永，知名作家

「老子不爽幹了！不玩的人最大！」你可能也曾在轉職前負氣說了這樣的話，這也是人之常情，一般來說，都是在工作上遇到一些狀況，才會萌生離職的想法。有些人是對現有工作失去熱情，也有人是在職場上遇到人際關係的瓶頸，甚至有人可能是因為整體大環境變差，而被迫離開組織。

然而，**職涯上的跑道轉換，不該是等到自己想換或非換不可的時候，才開始準備。而是應該要讓自己成為一個可以隨時轉換跑道的人。**當然我也不是要大家一直換工作，而是應該時時做好準備，尤其不應該等到工作不順時，累積諸多不滿才換工作。真正的人才，往往是在自己處於組織最高峰時選擇離開，予人留下華麗轉身的印象。

根據這樣的概念延伸，履歷就不該是等到想找工作時才更新，每一季你都應該為自己更新履歷到領英或者個人的CV（Curriculum Vitae）頁面上。這個過程，也是讓你有機會沉澱反思，每個季度自己有沒有新的成績，有持續成長嗎？對這份工作的熱情與喜愛依然存在嗎？

這樣的自我整理，可以讓你重新盤點自己的優勢、劣勢，同時也進一步思考職涯前途。或許你在目前的工作上如魚得水，受主管賞識、表現優異，但並不代表這就是你職涯的最佳狀態，或許是因為你正處於「舒適圈」之中。成長，有時需要我們「自討苦吃」。

此外，**保持履歷開放的狀態，也能觀察自己目前的「市場行情」**。在職階段開放履歷，參與面試，可以讓你知道自己的技能及專業背景，在人力市場中有著怎樣的定位，進而更加了解自己。

我過去就曾經這樣做。在工作上表現優異，深獲老闆賞識，但當機會主動找上門時，仍不排斥與其他公司接觸，也會與主動接觸我的獵頭或企業談談。一來了解自己有哪些突出點，能夠吸引機會主動上門，同時在面談過程中，也可理解自己哪些方面對於組織之外的其他公司而言，是被認可且能夠再更精進的。

甚至也會主動與我當時的主管報告，外面有機會找我、談得如何、我被定位在怎樣的價值區段，但我選擇留下；老闆也會因此了解到我這個人的價值，以及對組織的認同。假設在面談新機會的過程，你遇到了一個非常賞識自己且很有誠意的人，因而決定展開全新的旅程，那也不是壞事。

做好轉職準備的另一個要點，不只是為了跳槽，而是讓自己可以順利被取而代之。因為一般在離職時，公司最在意的就是交接人。**因此，若想要漂亮轉身，最好就是替公司預先思考你離開之後的人事安排。**

誰可以替補你的位置？你的工作可以交接給現有的人嗎？還是需要重新招募？找到人需要多久時間？你能不能妥善交接？在公司維持順暢的運作下，自己再無縫接軌投入新工作？轉換跑道切忌急急忙忙的交接走人，讓老東家措手不及，反而會留下不好的印象。最好的方式是給予一至兩個月的緩衝期，以順利進行工作交接。

## 完美的轉職，應讓自己的位置能被取代

如前面所說，讓自己隨時能轉職，才是理想的職場狀態；同樣的，不管你處在怎樣的職位，擔任主管還是基層員工，若想要有更進階的成長，你都

應該要讓自己可以被取代。

如果公司非你不可，你不在便會造成很大的影響，那反而不是一個健康的情況，即便你是創辦人也一樣。好的治理，應該是留下一套制度與體系，讓任何人替補你的位置都能繼續順暢運轉，這才會是好的工作遺產。所以在職時便思考「後事」非常重要。站在公司的立場思考及安排若你不在以後的情況，也是讓自己可以隨時轉職的必要條件。

而另一個思考層面是，這是一個變動的時代，二〇一九年底，沒人會想到因新冠肺炎的疫情，竟造成全世界的經濟大幅衰退，以致於許多人並非因為工作表現不佳，而是迫於現實狀況而不得不離開組織。這樣的非常時刻，做好「明天如果我突然被資遣」的準備，也是一個很重要的課題。試著盤點自己的專業技能、人脈，以及其他資源，思考假設那一天到來，你可以如何應對。

人們之所以會害怕或恐懼未來，很大一部分是因為沒有備案，也就是突發狀況發生時，沒有應對方案，進而可能造成生計問題。也因此，我們要隨時做好轉換跑道的準備；從另一個層面來說，就是要具備「危機意識」。

未來AI、5G、大數據這些新科技，可能都突然發展出讓我們現有工作消失的窘境，到那時該如何自處將是現在就必須正視的課題。即便是再強大的公司，我們也看到如柯達、諾基亞等過去的巨人因為大象轉身不易，最後被迫收掉虧損事業的案例。

盤點自己能力的過程，也是一個對自我價值的檢視，**或許你會因此而發現自己並不是一個可以隨時轉身的人，也就是若離開現有組織，你可能沒有相應的技能與機會可以維持同樣的待遇。**但這也不是壞事，反而能讓你提早投資自己，以預防未然。

從以下的檢核表，你不妨了解自己是否做好了隨時能轉換跑道的準備。

| | | |
|---|---|---|
| 1 | 定期更新履歷的過程中，自身職涯是否有成長進步？ | 是□ 否□ |
| 2 | 在履歷開放狀態下，有沒有公司主動邀約面談？ | 是□ 否□ |
| 3 | 思考過離職後的交接安排嗎？ | 是□ 否□ |
| 4 | 假設公司因為大環境不佳而被迫縮減組織，自己有沒有立刻找到其他機會的能力？ | 是□ 否□ |
| 5 | 當所處理產業板塊位移的變動下，自己的技能有辦法在不同產業發揮功用嗎？ | 是□ 否□ |
| 6 | 接觸外界後，自己的市場價值是否高過目前的薪酬？ | 是□ 否□ |

如果你在這份檢核表中的答案都是「否」，也別怕，現在就展開「變強計畫」吧，開始思考如何在既有的工作中，找到能讓自己增值的方法，例如主動承接更進階的專案，自我挑戰，進而累積成功案例及實績。唯有在職場上可以隨時轉換跑道的人，才能獲得真正的自由，掌握職涯的主動權。

# 30 診斷自己的職涯健康度。

> 問自己兩個問題：是否有人做同樣的事情比我做得更好？我忽視了什麼？
>
> ——唐納．川普，第四十五任美國總統

時時都要準備好，讓自己「有本錢」隨時轉職，這是讓自己「有選擇」的自由。有了選擇自由之後，又該依據什麼做出選擇，也是一個值得思考的議題。假設新的機會或機遇及前景遠超越目前的工作，拉力十足，當然可以考慮轉換跑道。

但如果兩者的情況在表面上勢均力敵，如薪酬、職位都差不多時，就可以從推力來思考，也就是剖析自己的「職場健康程度」，到底當前的工作適不適合自己？要不要繼續留任？你可以從以下這幾個面向思考。

**重點1：會不會抗拒上班**

如果每週一的早上是你最痛苦的時刻，甚至總是想找理由請假，那就是一種警訊。有些人在工作壓力大的情況下，有可能連做惡夢都夢到辦公室場景。這就是潛意識中一股強大的推力，驅使我們變換環境。

但也要思考根本原因是這家公司，還是你個人對工作的適應有問題。**這種情況會不會因為改變環境而好轉？或者需要透過其他的資源介入，才能改善。**有時過大的壓力可能跟你當下的心理與精神狀態有關，根本的問題可能出在自己，而不是職場環境，那麼，轉換跑道可能無法從本質來改善。你可以從後續的幾點再進一步自我診斷。

## 重點2：工作與生活的調劑

造成自己不想進辦公室的原因，其中一部分或許是工作與生活的天秤開始失去平衡。尤其是專案推進或業務量大增時，自己被迫陷入無限加班地獄，每天回到家時可能都已經九、十點了，這樣的情況究竟是常態，還是非常態？

**如果是常態性加班，導致工作與生活失衡，工作之外幾乎沒有自己的時間，週末也隨時可能被Call，這就是一種警訊。**但這個警訊也不絕對代表公司有問題，如果是產業結構性的正常情況，那也不是換工作就能改變的，此時轉職可能就要考慮跨到不同產業。

## 重點3：有無成就感

有趣的是，加班不見得就是壞事。如果是因為主導了開創性的專案，或是負責了重要的工作內容，因自己熱情投入，而造成工時延長，這種狀況也不能說是不健康。我自己過去也曾因為負責重要專案，而連續兩三週加班到半夜才回員工宿舍，但過程中我是開心的，因為是被賦予重要任務，對完成後所產生的成果與成效為榮。

**所以，「成就感」本身也是衡量的標準**。在工時之前，自己對投入的工作有沒有興趣？會不會期待完成後的喜悅？還是自己超時工作的只是基礎庶務，或者他人硬推給自己的工作？是不是總是邊做邊埋怨？甚至也有可能只是因為公司氛圍，而導致大家不敢準時下班的畸形職場文化。

當生活與工作失衡，且缺乏成就感，就是不健康的狀態，此時你應該深刻考慮這是否符合自己的職涯前景。

**重點4：與主管、同仁的關係是否和諧**

有時雖然不一定喜歡工作，但卻與同事及主管建立了深厚的情感，在這樣的互動過程中，因而有團隊歸屬感，這也能成為一個前進的動力。相反的，如果在團隊之中有水火不容的人，且處處為難你，而你也無力改善這個情況，甚至這個人就是主管本人，也會影響你每天上班的心情。

## 重點5：專業是否持續成長

不過，即便上班會抗拒、感到挫敗、與同事關係沒有很好，也不完全代表這份工作就是不好的。舉個例子，如果你進入一家國際頂尖公司，雖然各方面的壓力都很大，但相對的是你能夠快速成長，並且突破舒適圈，也不失為一個自我磨練的好機會。

評估這到底是不是「吃苦能當吃補」，就要盤點一下自己在工作中所學習到的技能，能不能帶到下一份工作，同時為自己加值。例如，就算壓力很大當碼農[註]，但是因處於業界一流的互聯網企業，透過工作，你可以學習到在其他同領域公司難以習得的專業，這個成長性就值得你待著。

## 重點6：與人生職涯目標的切合性

每一份工作都是職涯的一個過程，你在每段經歷所得到的成長，都能讓未來的自己進階到更高端的場域。若從未來往回看的話，目前的職場經驗都是你的「墊腳石」，幫助自己不斷向上推進。

**衡量眼前這份工作要不要繼續，其中一個很重要的點，就是它與你的人生目標有沒有契合**。如果你的目標是想在這個領域做到高階經理人，如公關廣告相關產業，那麼，初期必然是工時較長、壓力較大，若現階段的辛苦能鋪墊出通往未來的道路，那就是值得的。

如果發現自己對目前所處的產業已產生懷疑，甚至想轉換到完全不同的領域，那就要重新審視自己的職涯目標，目前的投入與未來的走向有正相關嗎？進而妥善評估出場的時機。

### 重點7：從公司的組織圖觀察三到五年可能性

這一點可從組織發展來看你這個人，未來三至五年內的可能性。你的每一階主管他們在公司及這個領域各待了多久，按照業界的職涯軌跡，評估最佳及最差的情況下，三至五年之內，你在公司有職級晉升的機會嗎？

以上可透過公司組織圖來推算，同時也必須了解自己目前所處的單位，在公司內的政治地位如何，是紅還是黑？正在蓬勃發展，還是不斷萎縮、精簡人力？試圖透過這些現有的已知狀況，推算自己的可能性。

## 重點8：產業發展前景

除了往內看公司本身之外，也要往外看所處產業的整體發展。這是一個嶄新的產業嗎？前景在一般的業界預估來說如何？除了了解公司的實績之外，競爭對手的表現如何？整體市場是向上還是衰退的？把格局從個人、公司，放大到整個產業，試著用全局觀去思考，也能有更深一步的了解。

從以上八點，由內而外、層層推進，可以讓你評斷目前的工作是不是真的適合自己，還是該準備腳底抹油，另謀高就。

註：碼農Coding Peasant(s)：一般指從事沒有發展前景的軟體開發職位，這種職位只能強化工作者在單方面的技術領域技能，學不到新技術，同時也是部分從事軟體開發工作人員的自嘲稱號。

# 31 要離職創業？還是在公司內創業？

一個創意想法的價值在於實踐。

——湯瑪斯．愛迪生，科學家

提到創業，很多人都是抱持著破釜沉舟，拿出畢生積蓄從零開始，承擔一切風險。但這個時代創業的模式已經跟過往不同了，**「內部創業」也是許多企業組織的風潮，只要有想法，你也有機會在組織內建立新事業，成為領導人。**

在此跟大家分享一個內部創業的典範，是Accupass旗下的Accupai服務。場景帶到一場大型活動中，台下有三百多位聽眾，正聚精會神的聽講。這種時候不免俗會有活動攝影師，拿出專業的單眼相機記錄最熱烈的瞬間。然而，這場活動的攝影師手上的相機卻長得特別奇怪，長出了一個像手機的裝置與相機連接。

不久後，一些聽眾開始滑起手機，但他們並非聽不下去而分心，因為此刻在手機螢幕上出現的，竟然是他們自己的照片。有著漂亮景深的專業攝影，是幾分鐘前活動攝影師所拍下的現場照，不消幾秒鐘已經上傳至雲端，讓與會者即時看到自己的模樣。

想在幾百張的照片中，快速找到自己，也不需要一張張翻找，只要透過AI人臉辨識，所有屬於自己的照片便會立刻列表出來。許多人在活動中便迫不及待地將這些照片及自己被拍攝的影像分享到社群平台，讓活動快速擴散出去。

這就是台灣新創Accupai雲攝影的專業服務，也是兩岸最大活動平台

Accupass的內部創業典範故事。他們縮短了過去需要等待攝影師在活動結束後、返回工作室挑選及調整照片的漫長時間。這樣即時上傳影像的服務，使活動當下的宣傳效益倍增，創造出前所未見的高行銷價值。

Accupai雲攝影創立僅僅一年，已經獲得許多國內外知名單位，如Discovery、ELLE、Marie Claire、Appworks的青睞，進而展開合作，二〇一九年收益甚至達到千萬台幣。而這個新創服務的推手，就是Accupai雲攝影的共同創辦人兼營運長黃呈智。國立中央大學資管系畢業的他，剛步入社會，對自己的人生沒有特殊的方向與想法，進入了人人稱羨的四大會計師事務所之一勤業眾信，負責ERP系統相關工作。入職第一天他就想離開，卻因為怕被說太年輕、爛草莓……於是便硬著頭皮撐了下去。

## 找出屬於你生命的「The one」

一年之後，他還是離職了。黃呈智先後在不同公司擔任過AE及PM等職位，直到進入了Accupass擔任產品經理，負責協調與溝通。經歷過職場上的各種闖蕩後，他終於找到屬於自己生命的「The one」，本來就熱愛參加活動的他，在Accupass這家公司找到了熱情，每天都盡全力在工作上，也因為對於工作的喜愛而不曾覺得疲憊，每天積極投入。

在服務許多活動主辦單位之後，他發現到一個困境，就是行銷似乎在活動開始後就「停止」了。過去主辦單位關注的是活動有多少人來，對於「事後宣傳」卻較少著墨。黃呈智觀察後發現，有很大一部分是受到硬體的限制。如果請了活動攝影師，即便當天就要求提供照片，等到攝影師挑選照片並調整完成後，搭配發文，可能已經深夜凌晨；如果隔天再發，與會者可能也沒興趣再轉發了。

但如果與會者願意分享轉發活動內容，對活動的事後宣傳將會有很大的助益。假設參加活動的有三百人，透過影像及參與者的事後分享行銷，行銷擴散效益及影響力就能倍增。於是黃呈智開始思考，如何滿足這樣的需求：讓主辦單位跟參與者可以即時取得照片，進而分享。

觀察到這個痛點後，黃呈智展開了他的內部創業計畫，他認為：「對於活動來說，最好的宣傳時機就是當下。如果能提供與會者好看的照片，他們一定非常樂於分享。」

為了解決這個問題，Accupai透過獨家研發的P-Pro智慧設備，在按下快門的同時，照片也同步上傳到雲端空間。這時候，在雲端有品控師篩選照片，同時交由專業設計團隊修圖，上傳到前台。在這樣的協同工作之後，活動參加者便能在攝影師按下快門的幾分鐘後就能看到照片。同時，考量到大型活動往往有數百人、數百張照片，難以讓參與者找到自己，為了解決這個問題，Accupai更導入了AI人臉辨識，只要上傳一張自拍照，所有包含你的照片都會被搜尋出來。

與會者能即時取得照片，便會樂於分享出去，同時分享活動的內容，這樣一來，活動的內涵便可同時透過社群擴散，讓更多人知道，也能提升對於主辦社群的認同與黏著度。

黃呈智自我定位Accupai是一家行銷科技公司，而非會展科技公司。透過打破過去的活動攝影流程，導入雲端及AI等新科技，進而創造出新的價值，讓活動的內涵及參與者的主動性被體現出來。他們企圖建構的，不只是一個新型態的攝影服務，而是一系列的生態圈，任何攝影師都可以透過租用Accupai的設備來讓自己的服務晉級，透過平台式的創新，翻轉整個產業鏈的既有模式。

不同於許多青年創業家在二十幾歲、甚至大學時期就展開創業旅程，並獲得成功，黃呈智的職涯經過多次的轉折，每次都是不斷的嘗試及找尋自我的方向。

談起第一份工作，他說，那一年因為害怕做不滿一年而被認為是沒定力的人，硬是熬了一段時間。現在想想反而是損失，因為這些時間或許可以幫助自己更早找到真正適合與有熱情的工作。現在的黃呈智對於工作十分滿意，並非在於金錢或名聲，而是這份工作能帶給他熱情與成就感。

**如果你在職涯的追尋之旅中走了一圈，想要創造出屬於此生最愛的工作，憑借著「只要相信就會看到」這股信念的力量，你一定也能成就未來的一切。**所以，勇敢地多方嘗試吧！想要創業，不一定要脫離組織，試著跟老闆提案，或許老闆很樂意成為你的第一個投資人。

# Career planning

# Chapter 6

# 談未來，新型態的工作挑戰

財富只是接近目標的管道，
追尋夢想，由自己定義成功與否。

# 32

# 國際觀不只是會說英語而已。

未來社會中，文盲並非不識字的人，而是不能再學習的人。
——杜佛勒，知名未來學家

在談判桌上的兩組人馬，分別是來自日本的客戶，以及美國公司的業務團隊。史蒂芬是美國團隊的談判代表之一，這是他第一次接觸亞洲客戶。報告中，史蒂芬對自家的服務及產品侃侃而談，說完優勢後，便直接進入介紹可能的合作方案。

談判桌另一邊的日本團隊點點頭，連連稱是。日本團隊表示會再回去研究討論，即便沒有馬上決定，史蒂芬卻已覺得自己勝券在握。會議結束後，史蒂芬很高興地與主管越洋連線，告訴他這次的案子應該沒問題，客戶並沒有提出什麼意見，討論過程感覺很融洽。他期待著日本客戶下一次通知時，便會談到後續簽約事宜。

然而，他的期待最後落空了，得到的客戶回覆竟是：「因為一些考量，希望未來有機會再交流。」

## 他說的 Yes 不是 Yes？怎麼回事？

史蒂芬十分錯愕，他自認表現非常很好，會議時，日本團隊也都點頭說「沒錯」、「是的」，他完全搞不清到底發生了什麼事。身為台灣人的我們，大概可以了解日本人的「是」，並不代表他完全同意你的看法，而是「聽到了」、「知道了」，相較於直接的美式風格，委婉的東亞文化比較不會當面拒絕他人或表示負面意見。史蒂芬的錯愕，可以歸咎到他不夠了解文化差異。

這個案例經常在一堂新興的企業培訓課中出現，這堂課叫做「文化意識」（Cultural Awareness），有時被翻譯成「文化覺察力」。在這個全球化的時代，與不同文化背景的公司合作已是常態，甚至在跨國企業內，也需要與世界各地的同事交流。文化覺察力，已被認為是在這個時代不可或缺的職場應對技能。

對異文化的不了解，讓史蒂芬「誤解」了對方的態度。不過，這個結果還算是輕微的，頂多就是自己一廂情願，卻落得「郎有情而妹無意」，失去一筆訂單而已。**但如果因為沒能了解到培養文化覺察力的重要性，繼續我行我素，在這個國際化人才流動的當代，是很容易被「Out」的。**

同時，文化覺察力可說是跨文化溝通的「基礎」，它是以理解為核心，試著了解及思考不同族群間，為什麼會有這樣的行事模式。不同文化背景的人又是如何理解世界，在不同價值觀的基礎下，如何應對事物。

試著理解對方，「知其然，更知其所以然」是文化覺察中很重要的環節。今天同樣的行為，在一個文化中可能是友善；到了另一個文化卻可能被視為強烈的冒犯意涵。如果雙方都沒有文化覺察的概念，很可能就會造成極大的衝突及誤會。例如，如果一個熱情的南美拉丁裔人，面對一位阿拉伯裔的婦女也熱情擁抱、親吻臉頰以表示友好，可能會直接被對方阿拉伯裔的丈夫給痛毆。

當然這個舉例可能誇張了一點，但也說明了文化覺察力的重要。**缺少文化覺察力，很可能因為文化差異而產生衝突，甚至演變成普遍的刻板印象。**例如，有些同樣在歐美文化圈的人們認為，德國人就像機器人一樣沒感情、西班牙跟義大利等南歐人可能就很懶散，而這些刻板印象可能進一步變成歧視，導致衝突。

## 了解文化覺察力，先判斷高低語境

「有理解才有諒解」，如果能深刻理解對方行為的本意，即便其行為可能在自身文化是冒犯或不敬，也能因為有這樣的認知而釋懷。這需要透過學習才能知道，廣泛閱讀與吸收不同文化，會有一定的幫助。

同時，我們也該知道一些基礎的文化人類學常識，最常用於文化覺察力課程中的術語，就是「高語境文化」（High-context Culture）與「低語境文化」（Low-context Culture），這是人類學家愛德華・霍爾提出的概念，用來表述不同文化間溝通方式的差異。

舉例來說，在東亞文化，尤其以日本京都為代表，「察言觀色」很重要，一個人的情緒、感官等，不會直接從話語的字面意思表現出來，而是要看當下環境以及表述者的神態來決定。像這樣要考量人、事、時、地等各種因素的，就是高語境文化。相反的，以澳洲跟美國為代表，說一是一、絕對不拐彎抹角，就是低語境文化的特色。當然，我們不能簡單概略性的幫不同的國家或文化貼上標籤，因為高低語境除了國家之外，更有族群及世代等因素的光譜分布。像英國跟美國雖然是同一個文化體系，英國卻是比較偏向高語境的含蓄性格。

**即便同一個國家，也會有不同的族群、世代間的文化意識差異，因此，每遇見一個新的人，都要試著重新了解。**

## 國際觀，說穿了就是換位思考

文化覺察力聽起來好像很複雜，但其實只是「尊重」與「包容」而已。當異文化的夥伴做出冒犯自己或令你難以理解的事情時，請先退一步思考，為什麼他這麼做？會不會是在他的文化中，這種舉措有不同的意涵？試著如西方諺語所說的「穿進對方的鞋子」（put yourself in someone else's shoes），用包容開放的心態加以理解。

現今社會，我們經常聽到人們討論國際觀，事實上，「文化意識」可說是國際觀的根本核心。國際觀並不是講一口流利的英文，或者認識多少外國人、去過多少國家。一位美國人可能英語非常流利，卻連北韓在世界地圖的哪個方位都不知道；在海外出生的第三文化小孩，可能認識許多外國人，但不代表他就能尊重與包容差異；一名中國婦女，可能退休後每個月都在參加旅行團，去過幾十個國家，也不等於她了解世界局勢。

用平常的心態、願意理解的開放態度，接觸及認識不同文化及族群，就是文化覺察力的具體展現，也是國際觀的根本意涵。即便你可能一生都住在台灣，如果你願意了解在這片土地上，跟我們一起生活的不同族群，例如：新住民媽媽、移工，那也是一種「內國際」的學習。而這種能力，在全球化的時代，是非常重要的個人技能。**不只能讓你在跨國企業中對應不同文化背景的人時游刃有餘，而當一個群體學會文化覺察力，也能有助於降低和避免不同族群間的誤解與衝突，這正是當代社會中最大的危機與挑戰。**所以，試著敞開心胸，認識不同文化的美麗吧！

# 33 有腔調的英語＝說不好？

為學好像金字塔，
要能廣大、要能高。

——胡適，知名作家

某次在一個典禮場合上，一位大學教授特別使用英語致詞，這位老師是院士等級的人物，留美多年，也曾在美國教了幾年書。讓我印象很深刻的是，當時台下都是學生，我聽到前排同學跟旁邊的人說了一句：「英文這麼差、台灣腔這麼重，還敢全英文致詞。」

聽完這句話，我整個人呆住了，原來有台灣腔就等於英文差？為什麼會有這種觀念呢？這位教授的確有很重的台灣腔沒錯，感覺就像是很重的「台灣國語」只不過是用英文講。但教授講的每個句子我都能理解，表達也相當流暢，畢竟人家是留美博士，還在美國教過書呢。

原本我以為這只是那兩位學生的閒聊，但後來我又聽到其他類似的論點。「唉唷，你不是英語組（經濟部國企班）的嗎？怎麼講英文有台灣腔？」一個好朋友在聽到我講電話的時候這樣說，我當時一頭霧水：我身在台灣二十幾年，就是個道道地地的台灣人，講英文有台灣腔很奇怪嗎？不然，我該有什麼腔調？

## 誰說英文流利就是要「沒腔調」？

「我希望我的英文可以學到很好，講英語時沒有腔調。」聽過許多大學學弟妹們，不約而同提過這個外語學習目標，實在讓我不知道該如何回應。

「語言」不是要學到沒有口音才能夠溝通，為什麼擺脫台灣腔是大家的目標？又，為什麼台灣人會有一種「好的英文，就是沒有台灣腔」這種觀念呢？

發音標不標準其實跟有沒有腔調是兩回事，除非腔調重到會令人產生根本的誤解，那才會是個問題。誰說話沒有腔調？腔調又怎會跟英文好不好連結在一起？台灣腔怎麼又會被看低？英語作為一種國際通用的語言，對大部分的人而言都不是母語，因此，「有腔調」是一個必然結果。法國人有法國腔、德國人有德國腔，但我卻從來沒有聽過有人因為對方講德國腔英語，便認為他英文不好。

反過來思考，如果要追求沒有口音，究竟沒有腔調的標準是什麼？就算是美國人，也有紐約腔、德州腔，甚至明尼蘇達腔，黑人有黑人的，亞裔自然也有亞裔腔，假設要做到沒腔調，是要以哪個腔為基準呢？也許有人會說，沒腔調就是要跟母語人士一樣。然而，使用英語當官方語言的國家，放眼世界也有五十幾個，包括南非、澳洲、加拿大、英國等，各地都有自己的腔調，就算目標是跟母語一樣，又是誰的母語？

以中文為例，北京人講的中文，對台灣人來說當然有腔調，但你會說他的發音不好嗎？對外國人來說，「京腔」甚至還比台灣人說話更標準。**太多人把這兩件事相提並論，進而認為：當我講不出一口流利的、沒有腔調的英語，代表我的英文就是不夠好，所以我不敢講。**

對此，我不停思考究竟是什麼原因，讓台灣人會抱持這種特殊的觀念？根據以往經驗，在台灣周邊的國家，也不會把「腔調」和「英語程度的優劣」畫上等號。反觀今天若有一位外國人來台灣學中文，就算只會講簡單的：「你好，我叫做史密斯，我是美國人。」大家就會拍手說他好厲害。

既然如此，為何身為台灣人的我們就覺得英語必須要「流利」到跟母語人士一樣，甚至讓人分辨不出是台灣人，才算優秀？這種奇怪的自卑心態，究竟從何而來？我認為有兩種可能。

首先，台灣腔被歧視，這不只存在於講英語的時候，連講中文時都會。一位知名插畫家用台灣國語為主題，畫了一系列的搞笑插圖，被砲轟歧視台灣。這讓我想到在台灣歷史上，因為政權更替，曾為了學習當局認定的「國語」，而讓台灣人煞費苦心。在這樣的過程中，「有腔調」形成一種負面印象。不要說是英文了，過去在台灣甚至連講中文，只要有濃厚的台灣口音，都有可能被當成社會底層嘲笑。因此，「害怕有台灣腔」成了一種潛移默化的意識。

再者，台灣從美援時期接觸的英語人士，大多都是來自美國。二十世紀七〇年代，大量的台灣人移民美國，也讓台灣人瞬間出現許多美國親戚，而當這些移民二、三代返台時，講的流利美式英語，被台灣人以為這就是英語唯一、絕對正確的「標準版本」。

## 語言的重點在於「溝通」，學習包容不同腔調

換個角度想，腔調的存在其實增添了溝通的趣味。過去我在海外工作

時，辦公室的同事來自世界各地，如芬蘭、菲律賓、馬來西亞、越南等，大家南腔北調英文的背後，代表的是這個人的家鄉，也是一種身分認同。

某次我在旅行中遇到一個法國女孩，聊沒兩句，都還沒來得及介紹自己，她就問我：「你是台灣人吧？」這讓我又驚又喜，馬上問她怎麼知道。她說：「我高中在台灣交換過，你的英語一聽就是台灣的腔調啊！」

這時我心中有種特殊的溫暖，腔調原來是這麼可愛。我深深以我的台灣腔為傲，因為那是我身為台灣人的印記。而在海外，每次聽到台灣腔的英文時，都有一種他鄉遇故知的親切，特別感動。這麼說來，你還想抹去專屬於你的台灣腔調嗎？包容不同腔調，才是真正的國際觀。

另一種迷思則是語言非得要學到非常流利的境界，才能夠講出口嗎？如果英文不好，還是不要多說？其實這是因為台灣一直以來都將英文當成一門「重點學科」，加上儒家教育告訴我們，不要當個「半瓶水響叮噹」的人，要謙虛、有內涵，導致並加深大家不敢開口的心態。**學語言的目的就是要用**

**於溝通、表達自己，就算只會幾句，你也可以且應該大方說出口。**

語言不應是一種炫耀身分階級的標記，而是基本的溝通工具。所以，別再說什麼：「台灣腔這麼重，英文這麼差，怎麼還敢講」的話了，這種說法才真正顯得絲毫沒有國際觀。

**THINK ABOUT：**

每到一個國家，或者遇到某個國籍的人，試著用他們的語言講話。即便只會一句「你好」，或者「你叫什麼名字」，問完想問的問題後，對方的回答聽不懂也沒關係，因為這才是溝通過程中最有趣的地方。

# 34 如何成爲搶手的國際人才。

高效能的人是『機會思維』，而不是『問題思維』。換句話說，他們創造機會，然後問題會自行枯竭。

——《柯維經典語錄》

台灣作為海島，沒有龐大的內需市場，走向世界對所有產業而言都是重要的課題。如何才能成為一名國際人才？想成為國際人才需要具備什麼樣的能力？

在此分享好友Sandy的故事，她的經歷就是國際人才的代表。中學就獨自一人負笈啟程至英國讀書，在英國居住、求學十餘年的Sandy，念的是倫敦大學亞非學院日文系，畢業後前往日本擔任國際獵頭以及招募工作，一待也是十餘年。近日才返台定居的她，究竟有什麼故事及特別觀點呢？

Sandy從中學開始，伴隨著她留學生涯的是無盡的打工。每天下課後，就是前往打工處報到，一開始選擇在餐廳兼職，也是為了省下英國昂貴的伙食費。中學時就讀的寄宿學校，讓Sandy大開眼界，中世紀風格的校園美得如同《哈利波特》裡的霍格華茲，卻是個不能隨便外出的「大型監獄」。從學校走到附近唯一的小商店需要三十分鐘的腳程，學校四周只有一望無盡的草原。當時，想念家鄉菜的Sandy，為了能夠吃到好吃的中華料理，主動跟餐廳的服務生作朋友，也因為這樣，大多數時間她都跟唐人街裡的基層華僑交流。

準備申請大學時，Sandy思考了自己的職涯可能性，身為一個亞洲人，如果未來想留在英國發展，只會英語跟華語是不夠的；又或者，如果回到亞洲發展，同樣也需要第三種語言加持，因為當今這個時代，中英文都達到母語等級程度的人實在太多了，想要有更強的優勢，就必須突破思考框架。

因此，她選擇就讀倫敦大學亞非學院的日文系，同時雙主修企業管理。研究所再進入布里斯托大學（University of Bristol）攻讀企業管理碩士。畢業時，她得到了一個英系國際獵頭公司的職缺，再度飛越半個地球，來到日本東京工作。

一開始，她也不知道什麼是獵人頭，求學階段都在英國度過的Sandy，抵達東京後，為了快速建立當地的人脈網絡，開始參加許多社交活動，無論是宗教、政黨、聯誼性的，一律來者不拒。

「獵頭就像房仲一樣，只是我們的商品是人。如果沒有物件、沒有客戶，基本上根本不可能有任何業績，而獵頭就是業務，沒有達到業績就只能打包走人。」談起一開始的日子，為了打聽到產業消息，Sandy努力在各種場合拓展人脈，卻發現原來獵頭在日本的職場，是不怎麼被重視的職位。因為日本職場在文化影響之下，轉職的情況相對比較少。因此，獵頭的存在也十分重要，全日本有六千家以上的獵頭仲介，同樣談成一筆，獵頭可以抽成的百分比數是台灣同類型案件的好幾倍，且難度也更高。

過程中，還有某些客戶會騷擾女性獵頭工作者，要求提供特殊「服務」。對此Sandy感到十分詫異，怎麼會遇到一些把自己當傳播妹的人，而且還不在少數。「這裡的職場沒在講人情的，如果業績達到，妳就是Queen of the Month，全公司公開表揚。如果沒有達到業績，那就是Shame of the Month，當眾羞辱妳。」

## 在充滿變動性的未來，主動學習是優勢

在各種挑戰中不斷磨練出專業的她，慢慢累積出業績，並且獲得認可。

在日本這樣重視實際績效的職場環境，數字代表一切，沒有達到目標就立刻被冷眼看待。過了幾年之後，Sandy在獵頭圈逐漸闖出名號，因而被挖角到一家跨國大型企業，擔任組織內的招募工作。

轉入企業內工作後，Sandy開始深刻了解到組織發展，以及擁有工作和生活平衡的重要。「在日本作招募跟台灣不同，需要至少三年Agency的經歷，才能成為企業in-house的招聘者。這是因為日本的中高階求職者，很在意個人情資，不會直接上人力銀行曝光求職，反而會依賴獵頭掌握自己的求職活動。因此，企業想要得到好人才就必須透過主動『挖角』才能接觸到理想人選。」

雖然在倫敦大學主修日文，也能說流利的日語，但Sandy除了日常生活外，工作時堅持講英語。一來是她作為國際獵頭，不論是客戶與候選人都必須擁有雙語能力，會不會講英語也成為她考核候選人的標準之一，再來是因為她觀察到日本文化的特殊性。

「在日本，如果你能講非常流利的日語，日本人就會認為你跟他們一樣，也會用日本的習慣及文化要求你。但我們是國際工作者，我們提供的是專業服務，我們畢竟不是日本人，所以更要保留外國人的主體性。」

Sandy認為，日本社會本質上是弱肉強食的「霸凌社會」（いじめ社会），有著深刻的階級體系，而且是從語言及思想建立起來的。她建議台灣青年如果赴日發展，千萬不要想「成為日本人」，許多努力融入日本文化的外國工作者，面對日本的特殊社會性，最後都感到十分挫敗。倒不如一開始就表明自己不是日本人，對方也會以「因為他是外國人所以不懂」而放寬標準。

歷經過英國、日本後回到台灣，Sandy想給懷抱著海外職涯夢的年輕人這樣的建議：**一定要主動學習。未來是一個變動的時代，現今許多工作將因為新趨勢而消失，而未來的工作仍尚未發明。所以要擁有創造性、自發性，透過批判性思考和培養問題解決能力來塑造自己的優勢。**

文化的理解力也非常重要，許多候選人不被錄取的原因，是因為個性不符合企業文化。Sandy也曾遇過：「擁有批判性思考能力的日本人被傳統日企拒絕，因為對方要的是聽話的乖乖牌；另一方面，日文講得流利的外國人，因行事風格已被日式化，不符合公司的創新文化而被拒絕錄用。」**語言優勢若無法搭配文化的理解力，即便有專業能力，也很難成為所謂的國際工作者。**

此外，最重要的是要有「狼性」，狼性能讓你積極主動的去追求目標，可以獨立作業、也能與他人協力合作完成使命。具備這些未來時代所需要的軟實力，你就能成為無往不利的國際人才。

# 35 面臨AI時代不被淘汰的三大法寶。

”世界上真正有價值的事物，需要熱情和犧牲才能完成。

——史懷哲，諾貝爾和平獎得主“

對於未來的人工智慧（Artificial Intelligence）時代，許多人抱持著戒慎恐懼的態度，害怕AI將會取代自己的工作。在此同時，各國也加緊腳步從教育扎根，除了中國已經出版高中的人工智慧教科書之外，台灣也不遑多讓，準備從小學開始導入AI相關課程。

綜觀歷史的發展，每一次的技術革命雖然帶來就業上的衝擊，但也創造出許多新的職業，進而將技術門檻大眾化，賦能了人們新的能力。四十年前，「打字」還是一種專業工作，需要交由專人處理，隨著資訊化時代的到來，今日不論是小學生還是七十歲的長者，都能靈活地在各種平台上輕鬆輸入文字。

到底在AI的時代，工作者需要怎樣的能力？將會帶來什麼樣的新職位？除了大數據分析師、機器學習專家等，許多人認為，這樣的時代更加需要注重STEM的技能[註]，甚至有人提議，應該將程式語言列為必修課程，從小學開始就將未來先進科技思維加入基礎教育中。

在未來的世界，AI將會取代人們重複性高、能夠簡化為SOP的工作，過程中，同時也會讓技術門檻降低，許多事情不再需要人類親力親為。如同有了網際網路之後，改變了過去大量仰賴記憶的傳統式學習，取而代之的，是如何在龐大的維基百科及Google等網路資訊之中，辨別真假的能力。

我不認為應該全部注重在STEM的技能，在未來，每個小朋友都能透過模組化的平台，輕鬆地寫出自己的程式。像過去的「打字」一樣，或許寫程式將成為大眾都擁有的技能。技術普及化，如同今天照片修圖，不再需要使用複雜的繪圖軟體，手機上的App讓人人都是修圖大師。

相反的，未來教育應該思考的是如何教育學生在世界生存，技術能力不會是在人工智慧時代最重要的必備技能，而是應該在教育中深刻加入適應未來世界的三種思維力，分別是：「設計思維」、「人文思維」以及「跨界思維」。

## 一、以人為本的設計思維

設計思維，是一種以人為本的解決問題方法論。透過從人的需求出發，為各種議題尋求創新解決方案，並創造更多的可能性。設計思維被IDEO設計公司總裁提姆・布朗在《哈佛商業評論》定義為「以人為本的設計精神與方法，考慮人的需求、行為，也考量科技或商業的可行性。」

設計思維可以分為五個步驟：同理、定義、構思、原型，以及測試，這五個要點都必須以客戶為中心。同時，這些流程還有一個重要的核心精神，就是「協作」，協作不只是與客戶，更是內部跨單位的合作。同時在未來時代，除了「人與人」的協作之外，「人與機」的協作也同等重要。

在設計思維中，不論是最終的目標「設計出服務客戶的產品」，或者過程中的協作，「人」都必須放在首位。**協作需要的是同理心及領導力，這兩者都指向「人」。所以在未來的智慧時代，我們應該著重的反而是「人」，許多人放錯重心，認為應該更加關注在「科技」，這其實是一種本末倒置的情況。**

例如，日產汽車在研發自動車駕駛技術時，便邀請了人類學家梅莉莎・賽夫金（Melissa Cefkin）參與，就是為了展現設計思維中，以人為本的核心價值。由於人類動作十分地細緻，單純理工出身的人才所設計的演算法，可能會誤判人的行為，所以日產才在團隊中加入科技背景之外的人類學家，這樣的決策就是「以人為本」的設計思維元素。

## 二、人文思維將主宰未來科技時代

由此我們可以知道，以人為本的設計思維，將成為未來商業的基礎核心。畢竟商業環境中的客戶永遠是人，科技終歸服務的對象也還是人。微軟總裁史密斯回顧這幾年的人工智慧發展，也總結出這個時代科技力，不應再是大家關注的重點，人文思維才是。

史密斯提到，工程師如果想要平步青雲，更需要向文組的人學習，因為未來的機器將「越來越像人」。而他也不是唯一提出這種觀念的科技大老，蘋果執行長庫克在麻省理工畢業典禮的致詞中也提到：「**他並不害怕機器能像人一樣思考，反而害怕人會失去最根本的人文思維，也就是同理心。**」因此，我們應該反求諸己，思考專屬於人類的人文思維究竟為何。

這樣的概念在歐美不斷地被提起，例如由美國創投家史考特・哈特利撰寫的《書呆與阿宅：理工科技力＋人文洞察力，為科技產業發掘市場需求，解決全球議題》便是闡述在科技時代下，人文思維更加重要的現象。

舉例來說，臉書近年為了對抗「回音室」效應，就聘用了許多人文學科出身的畢業生。回音室就是指過去以演算法推算出用戶有興趣的推文，這種機制反而建構了深厚同溫層，助長了極端勢力以及假新聞的歪風，為了解決問題，臉書試圖從人文學科找到解答。

## 三、學科的界線將變得模糊，跨界人才崛起

大數據與人工智慧帶來的新技術，不只會影響理工相關的領域，同時將會深入各種其他學科，不論是社會學、心理學、人類學等。但同時也會模糊這些學科的邊界，在這樣的趨勢下，未來的教育不該再如同過去，把「文」跟「理」區隔的如此壁壘分明。

我們需要怎樣的人才？我們需要的不再是文科生跟理科生分立的模式，而是在普及STEM教育的同時，也讓每個人都具備人文思維，知道如何以人為本，去思考各種問題、觀察周邊現象、提出質問，進而思考解決方案。

史丹佛大學AI實驗室的主任李飛飛（Li Fei-fei），即主張在發展人工智

慧時，不能只有以大數據為基礎的深度學習，更要融入人文學科及社會元素。她說：「**人類的確沒有比機器更擅長於巨量資料，但人類的優勢在於能夠抽象思考，富有創意。**」多元化的思考與好奇心，都是跨越文、理界線的跨界學習所能達到的。

這樣的人才，才是在未來時代不會被淘汰的。過去那種只教育一種技能、標準化的教育，如同工廠一般，大量將人塑造成「工具」的教育體系將會被打破，多元能力的跨界人才將崛起，這也是斜槓青年興起的社會演進現象。**深刻掌握「設計思維」、「人文思維」以及「跨界思維」，會是我們在AI時代下，不害怕被取代的三大法寶，也是未來教育必須著重的面向。**

**THINK ABOUT：**

在未來時代不被淘汰的人才特質，就是能活出屬於「人」的特點，具備專屬於人的思維能力。

機器能幫助我們進行許多重複性、勞力性的工作，但人工智慧難有「人性的溫暖」，在未來，人與人之間的連結與人性的光輝，反而會被更加重視與突顯。

註：STEM技能：融合Science（科學），Technology（科技），Engineering（工程），Mathematics（數學）四種領域所整合而成的跨界知識。

# 36

# 成功的定義，只能用財富衡量嗎？

一個人就是賺得了全世界，卻賠上了自己的生命，到底有什麼益處？

——馬太福音

「我的夢想是去非洲從事NGO，幫助當地建立工業體系，讓他們可以不用再倚靠西方國家的援助，自力更生。」當時的我還在念書，利用暑假去衝浪店打工換宿時認識了阿德力安，我這樣告訴他。

我們走在熾熱的沙灘上，眼前是一支支的海灘傘，上面坐著許多比基尼辣妹。這一年的暑假好像特別熱。他疑惑地問我：「那你去過非洲嗎？」

阿德利安是西班牙人，跟我同年，熱愛衝浪，我們成為非常要好的朋友。他的中文講得很好，偏偏我一看到西方人就想練英文，所以常常出現我跟他講英語，他回我中文的有趣現象。對於他的問題，當然，我沒去過非洲。

「那你怎麼知道他們需要幫忙？」聽到這個問題的我頓時語塞。是啊，我怎麼知道他們需要幫忙？

「當然需要啊！他們這麼窮，世界最貧窮的地區就是非洲。」我硬是擠出這較制式的回答，這樣應該合理了吧！

「什麼是貧窮？你如何定義貧窮？」阿德利安說道，這犀利的攻勢讓我整個人喘不過氣來。

我回答：「他們收入每天不到一美金，這就是聯合國定義的貧窮，沒什麼好懷疑的。這是普世價值。」

於是他和我分享一個故事：「我在西班牙有個朋友像你一樣，很想幫助非洲人民，覺得他們很窮需要幫忙；但當他真正到了東非，這個他想像中落後貧窮的地方，想提供當地人工作機會時，卻發現常常有人做了兩、三天就不來了。」

「難道是那些人自甘於貧窮，好吃懶做嗎？」我問道。

「不是的，是當地人根本沒有現代人的金錢概念，許多原始村落甚至沒有使用錢做交易。很多男人在賺夠可以換一年生活必需用品的錢，就回村子去陪家人了。如果用現代人定義的貧窮，他們確實都很貧窮。但是沒錢不代表貧窮，因為他們日常生活用不到錢，能夠陪伴家人就是最大的富足。」

突然間我啞口無言，卻又茅塞頓開。什麼是富裕？有錢就是富裕嗎？我想到過去讀的人類學書籍，講到印尼有許多島嶼因交通不便，貨幣經濟還不發達，村民還是靠狩獵、漁牧維生，整個村子不是獵人、就是漁夫，帶著食物回來分給每一家，再拿村子的產品去換其他物品。只有到了城市才會用到錢。想到這故事我突然理解，連錢都用不上的族群，能說他們貧困嗎？**是誰**

**定義富裕及貧窮？是身處於資本主義社會的我們，讓錢量化了一切。**金錢代表了成就與地位，有錢可以買到想要的東西，所以一切都以錢為指標。

## 別讓財富定義你的人生

一個國家興盛與否，在於人均GDP有多高；一個人成不成功，一般也會以存摺數字評判。這讓我想起高中時，每天坐將近一小時的公車到北車補習，為了考上更好的大學，而為什麼要考上更好的大學，就是為了能找到更好的工作，因為更好的工作代表著更高的薪水。似乎只有更多的錢，才能讓我們的人生更圓滿。

我坐在沙灘椅上，開始思索什麼是富裕，人的一生真正追求的是什麼？我曾問過很多同學、朋友：「以後要幹嘛？」最常聽到的回答是：「我要賺很多、很多錢，然後早早退休，去做我想做的事情。」

若我繼續問，那你真正想做的事是什麼？就會出現各種答案。有人想拍電影、有人想環遊世界，還有人想當畫家，也有些人說還沒想到。但為什麼要等賺夠了錢、退休之後才做呢？為什麼不能用自己的一生，去追尋真正想做的事呢？**財富應該是個管道，一個工具，讓我們更容易接近和完成目標與夢想，但許多人反而讓錢本身成了目標，好像被困在滾輪裡的倉鼠不斷往前跑，卻永遠沒有終點。**等到能走下滾輪的那天，卻也是精疲力竭，難以踏出另一步的時候了。

某次在誠品書店，我看到一位小男孩在拼圖專櫃，拚完一個簡單的拼圖，他高興地舉起手臂歡呼，店員和母親都開心地為他鼓掌。在他單純的笑容中，我看到了心靈的富裕，那就是對自己所成就的事物，感到由衷的喜悅與滿足。我們應該都有過那個完成目標的當下，振臂疾呼的快意經驗，然而曾幾何時，當我們社會化了，也失去最初的赤子之心，忘記了單純追求自己真正目標的心情。

這個社會告訴我們：「只有錢能定義你的人生是否有價值。」卻沒告訴我們金錢固然重要，但滿足基本生活需求之後，我們也忘記了自己年少時所渴求的夢想。

如果只是擔心未來能不能擁有「更好的生活」，實在太可惜了。人之所以有別於動物，就是我們有超乎基礎生理需求、更高層次的思考能力，那就是──「追夢的能力」。人生只有一次，如果只是汲汲營營於追求生活的穩定、物質的充裕，等百年之後蓋棺而論，說實話，那樣的我們跟阿米巴原蟲有何不同，都只是為了生存而已。

你可以有更高的價值，那就是勇敢去追尋自己一直以來夢寐以求的目標，就算失敗了，在最後闔上眼的瞬間，也能說句「我這一生活得真是精采」，再瀟灑地轉身。**真正的貧困，並不因為戶頭只有幾塊錢，而是你忘記自己此生的使命，每個人來到世上都有一個使命，而那就是你的夢想。**

上天將夢想的種子植入我們每個人的心中，有人讓夢想枯萎，終究成為了一個庸庸碌碌、如機器般每天來回運轉的人；也有人讓夢想的種子發芽結果，忘記一切艱難，勇敢追尋自我，或許只是個不起眼的想法，卻是使人真正富裕的關鍵。

THINK ABOUT：

你準備好當真正的富翁了嗎？

敲敲自己的心磚，問問自己，除了財富，你這一生真正在追尋什麼？

當你開始追尋人生價值的答案，也是你這一生的答案。

只有找到屬於你自己的解答，生命才會真正的富裕。

# 成就未來的你

## 36 堂精準職涯課，創造非你不可的人生！

作　　者 | 何則文 Wenzel Herder
發 行 人 | 林隆奮 Frank Lin
社　　長 | 蘇國林 Green Su

出版團隊
總 編 輯 | 葉怡慧 Carol Yeh
企劃編輯 | 楊玲宜 Erin Yang
責任行銷 | 黃怡婷 Rabbit Huang
封面裝幀 | FE工作室
版面構成 | 張語辰 Chang Chen

行銷統籌
業務處長 | 吳宗庭 Tim Wu
業務主任 | 蘇倍生 Benson Su
業務專員 | 鍾依娟 Irina Chung
業務秘書 | 陳曉琪 Angel Chen・莊皓雯 Gia Chuang
行銷主任 | 朱韻淑 Vina Ju

發行公司 | 悅知文化　精誠資訊股份有限公司
105台北市松山區復興北路99號12樓
訂購專線 | (02) 2719-8811
訂購傳真 | (02) 2719-7980
專屬網址 | http://www.delightpress.com.tw
悅知客服 | cs@delightpress.com.tw
ISBN：978-986-510-082-7
建議售價 | 新台幣320元　　首版一刷 | 2020年07月

國家圖書館出版品預行編目資料

成就未來的你：36堂精準職涯課,創造非你不可的人生! / 何則文著. -- 初版. -- 臺北市 : 精誠資訊, 2020.07
面；　公分
ISBN 978-986-510-082-7 (平裝)

494.35　　109008195

建議分類 | 1.職場成功法

# 線上讀者問卷

悅知夥伴們有好多個為什麼，
想請購買這本書的您來解答，
以提供我們關於閱讀的寶貴建議。

請拿出手機掃描以下 QRcode
或輸入以下網址，即可連結至本書讀者問卷

https://bit.ly/2YZEdgv

填寫完成後，按下「提交」送出表單，
我們就會收到您所填寫的內容，
謝謝撥空分享，
期待在下本書與您相遇。